森林扑火辅助决策系统的研究与应用

Research and Application of Decision Support System on Forestry Fire Suppression

宋 丽　陈晓明　著

U0342461

北 京

冶 金 工 业 出 版 社

2015

内 容 提 要

本书以 JSF 和 ArcGIS Server 技术为基础，结合火场蔓延模型，从实际应用出发，设计了符合大兴安岭林区特征的森林扑火辅助系统，实现了火点的定位，扑火预案的自动生成，最短路径的求解等功能。并以黑龙江省塔河林业局森林防火辅助决策系统为例，对森林扑火辅助系统给出了较完整的设计方案和实现方法，对同类课题的研究有一定的参考价值。

图书在版编目（CIP）数据

森林扑火辅助决策系统的研究与应用/宋丽，陈晓明著 . —北京：冶金工业出版社，2015. 8
ISBN 978-7-5024-6997-9

Ⅰ. ①森… Ⅱ. ①宋… ②陈… Ⅲ. ①森林防火—决策支持系统—研究 Ⅳ. ①TU998. 12-39

中国版本图书馆 CIP 数据核字（2015）第 172228 号

出 版 人　谭学余
地　　址　北京市东城区嵩祝院北巷 39 号　邮编　100009　电话　(010)64027926
网　　址　www. cnmip. com. cn　电子信箱　yjcbs@ cnmip. com. cn
责任编辑　姜晓辉　美术编辑　吕欣童　版式设计　孙跃红
责任校对　郑　娟　责任印制　李玉山
ISBN 978-7-5024-6997-9
冶金工业出版社出版发行；各地新华书店经销；固安华明印业有限公司印刷
2015 年 8 月第 1 版，2015 年 8 月第 1 次印刷
169mm×239mm；6. 25 印张；121 千字；92 页
27. 00 元

冶金工业出版社　投稿电话　(010)64027932　投稿信箱　tougao@cnmip. com. cn
冶金工业出版社营销中心　电话　(010)64044283　传真　(010)64027893
冶金书店　地址　北京市东四西大街46号(100010)　电话　(010)65289081(兼传真)
冶金工业出版社天猫旗舰店　yjgycbs. tmall. com
（本书如有印装质量问题，本社营销中心负责退换）

前　言

森林是宝贵的自然资源，维护森林资源的可持续发展是世界各国关注的焦点。而森林火灾是制约和危害森林资源可持续发展的最重要因素之一。森林火灾不仅给国家财产和人民的生命安全带来巨大损失，而且对生态环境也会产生重要影响。如何安全快速地扑灭森林火灾，将损失减小到最低是森林防火工作人员所面临的重要课题之一。随着信息技术与网络技术的不断发展，信息技术在森林防火、扑火工作中也发挥着越来越重要的作用。森林扑火辅助系统的开发与应用可以为扑火指挥决策人员提供准确参考信息，提高工作效率，快速扑灭林火。

本书以 JSF 和 ArcGIS Server 技术为基础，结合火场蔓延模型，从实际应用出发，设计了符合大兴安岭林区特征的森林扑火辅助系统，实现了火点的定位、扑火预案的自动生成、最短路径的求解等功能。本书以塔河林业局森林防火辅助决策系统为例，对森林扑火辅助系统给出了较完整的设计方案和实现方法，对同类课题的研究将有一定的参考价值。

本书第 1 章至第 5 章由牡丹江师范学院宋丽编写，哈尔滨工程大学在读博士研究生陈晓明参与编写了第 1 章。感谢各位同仁的帮助和支持，感谢冶金工业出版社责编为本书出版付出的辛勤劳动。书中有部分内容参考了有关单位或个人的研究成果，均已在参考文献中列出，在此一并致谢。书中的不妥之处恳请广大读者指正。

著　者
2015 年 6 月

目　　录

绪　论

1.1　森林扑火辅助决策系统研究的意义

森林是非常宝贵的自然资源，是人类赖以生存和发展的重要和不可缺少的资源之一。我国森林资源十分匮乏：全国森林面积 1.34 亿平方千米，森林覆盖率只有 13.92%，人均森林面积不到 0.11 平方千米，且分布不均，人均占有森林面积和林木蓄积量都远远低于世界人均水平[1]。

然而，这有限的森林资源还遭受着各种自然因素和人为因素的破坏。森林火灾是威胁森林资源的最严重的灾难之一，森林火灾是指失去控制的森林燃烧。目前，世界每年发生火灾约 22 万次以上，烧毁森林面积达 6.4 万平方千米以上，约占世界森林覆盖面积的 0.23% 以上。世界各地的森林火灾发生地点分布不均匀，在世界各个大洲中，以大洋洲森林火灾最为严重，其次是北美洲，最少为北欧地区[2]。

森林火灾不仅破坏森林资源，造成严重的经济损失，而且对生态环境造成无法估计的间接损失。森林火灾还是一种严重危害人类社会的灾难，它的发生和蔓延，将会给该地区和全球带来不可估量的经济损失和生态环境的破坏。同时，也给林区的政治、经济稳定及正常工作带来不利的影响。

森林火灾的蔓延受林区地形、植被、水系及道路等多种地理因素和复杂多变的气象因素的影响。林火扑救还和防火设施、人员素质、技术力量以及扑救设备等众多因素有关。然而，要完全避免森林火灾是不可能的。但如果发现、扑救及时，扑救方案科学、扑救措施得当，是可以避免造成大火灾和减少火灾造成损失的[3]。

当火灾发生后，由于发现以及扑救不及时，扑救方案不科学，使小范围的火灾发展成为大火灾，由于指挥人员与扑救人员不能及时准确了解火场相关信息，很难在较短的时间内做出科学的决策。根据国家林业局 1998 年至 2001 年统计，我国平均每年发生森林火灾 5542 次。在这些火灾中有相当部分是由于扑救不及时或者扑救方案不合理造成的，因而延误了战机，造成森林火灾的蔓延，有小火灾转变为大火灾。这里面除了通信指挥系统和观测预警系统不够完善外，由于扑火指挥决策都是靠指挥人员的凭空想象火场情景，根据个人的经验来指挥扑火，没有强大有效的信息作为参考依据。人为经验因素占有主导地位的格局，给森林火灾的扑救工作带来了不科学的因素。

随着科学技术进入一个新的发展阶段，空间及遥感技术，计算机应用，WebGIS 开发技术以及网络技术等高新技术正逐步改变我们的生活方式，所以利用计算机、网络等现代技术手段辅助扑火不仅是时代的需要，也是扑火实际工作的需要。建立专业的扑火辅助系统可以快速准确给出火场的相关信息，并对一定时间后火场动态预测，给指挥决策人员科学有效的火场信息，并生成相关扑火方案和报表。使得林火在较短的时间内能够有效实施扑救，减少因火灾造成的直接和间接经济损失。

1.2 国内外森林扑火系统研究的现状

森林资源的持续稳定发展是世界各国关注的焦点，防御和控制森林火灾也受到各国的普遍重视。目前，随着计算机信息系统在森林防火办公管理工作中的作用日益显著，计算机信息系统已经成为日常森林防火工作中不可缺少的工具。因此，森林防火机构必须不断利用新技术研究开发适合自身业务的计算机信息系统，加强信息共享、协同工作，提高工作效率，以适应信息时代对森林防火工作的要求，更好地为森林防火的日常工作服务。

随着计算机软、硬件技术的飞速发展以及森林防火工作水平的不断提高，计算机技术和森林防火工作的关系越来越密切。尤其是 20 世纪 80 年代以来，许多国家研制了高水平的计算机森林防火管理系统，有力地促进了森林防火工作的发展，大大提高了森林防火、灭火工作的效率。计算机之所以能在森林防火工作中取得成效是因为计算机不仅能够分析大量的与森林防火有关的气象、森林可燃物和历史森林火灾数据，使森林火险预报、林火行为模拟和森林防火灭火等工作建立在充足信息源的基础上，同时，它还能使一些构模复杂、计算量较大的森林防火灭火方法、模型实用化[1~5]。计算机的应用为森林防火管理水平和技术水平的提高，展现了广阔的前景，并已经成为许多国家森林防火管理工作中的不可缺少的部分。

纵观世界计算机支持的林火管理系统，其发展趋势有两个方向。其一是管理系统的大型化；其二是管理系统微机化。从世界各国已经成功研制的计算机林火管理系统来看，功能较全、代表着时代最新技术的是加拿大魁北克的"计算机林火管理系统"。近年来，计算机技术也正在逐渐向我国森林防火管理中渗透。黑龙江林科院森林保护研究所于1981年编制了林火发生预测计算机程序，该程序能计算分块后的各区域林火发生概率，并能将其以图形的形式显示计算机屏幕上。东北林业大学则为我国东北林区的黑河等地区研制了以 AUTOCAD 为图形管理系统的林火管理系统软件。该软件能够进行火险预报等林火管理工作，并借助 AUTOCAD 的图形管理功能为用户提供直观的图形表达形式。伊春林管局和解放军燕山计算机应用研究中心联合在日本生产的计算机图形专用机上开发了林火图形系统，该系统可进行图形检索并具备简单的定位查询功能。

1991 年，由寇文正等研制的森林防火管理信息系统完成，该系统可以完成防火知识训练、火险预报、火行为预测、航空探险路线规划、调遣扑火队伍、确定行径路线、计算扑火费用、林火损失面积计算、林火损失蓄积计算、损失金额计算等。

2000 年，国家森林防火办建立了全国森林防火信息系统，此项目是建立在局信息中心计算机网络和局森林防火办公室林火监测网络基础之上，采用 Client/Server 数据库技术、WWW 技术、地理信息技术和遥感技术，能够实现林火监测、预测预报、辅助决策、信息发布等功能。系统的建成大大提高了全国林火监测网络系统的硬件档次和可靠性；使用了基于互联网技术的地理信息软件和数据库软件；完成小比例尺的全国地理信息数据与卫星图像数据的集成、森林防火重点地区的中比例尺的地理信息数据与卫星图像数据的集成，并通过对 GIS、地理信息、遥感技术的联合应用，完成不同数据的动态连接；改善应用系统，通过地理信息和数据库的连接，系统更有效地实时地处理现有的多种数据，提供森林防火预测、预报、监测、决策和评估信息，通过网络发布结果；发展了专家系统在防火工作中的应用，特别是在火险预测预报方面的应用；通过合作和培训，为我国的森林防火信息化建设培养一批专门人才，并为今后的森林防火信息系统建设和中日之间在信息领域的进一步合作打下基础，是中国高技术产业化示范工程，完成后具有面向实用的实时运行系统，有很好的示范作用。

然而，大多数现行的森林防火辅助决策系统在实现资源共享方面都存在着严重的重复建设、共享协作能力差等问题。尤其是在森林火灾的预测、评估等方面，由于操作人员的相关知识和经验的局限性以及所掌握的第一手实时信息的局限性等因素影响，使得林业部门在面对突如其来的灾害时显得应变能力不足，防灾体系僵硬，具体来说现行的森林防火辅助决策系统还存在以下不足：

（1）资源共享能力差，存在着资源孤岛的问题。现行的辅助决策支持系统都是林业局级的，虽然也有构建在 B/S 体系结构上的，但是林业局间的相互协作几乎为零。这种各自为政，导致了各自的资源都被封锁成一个孤岛，与外界毫无联系。主要表现在：第一，应用系统之间不能互联互通，缺乏信息的交流和共享，存在严重的信息冗余现象；第二，国家花费了大量人力、物力获得的海量数据和信息被孤立于所属的部门，不能被广泛地访问和使用；第三，需要综合数据的应用发展受到限制。

（2）资源分布不均，重复建设、资源浪费现象严重。由于各林业局级财力、物力条件各不相同，基于此基础上的辅助决策系统的运行效果也受到限制。一方面有经济实力的林业局在花费巨资采购大量的计算机、应用软件的同时，又有很多的计算资源闲置，得不到充分利用；另一方面经济发展落后的地区，由于资金有限，无法获得必要的资源，阻碍了其信息化的进程。另外，仅仅依靠技术和体制目前还难以支持资源的有效共享。

（3）高开发难度制约着应用。网络环境下的应用系统不同于单机应用系统，分布、异构、多样、动态变化的网络环境使应用系统复杂程度高，开发困难。因此，对研发人员的素质要求很高，这方面人才的不足也制约应用的开发。

（4）高运行成本难以承受。首先由于网络环境下应用系统的部署、运行和维护，计算机和软件系统的频繁升级换代，使得各个应用部门不得不维持一支专门的技术队伍。每年都要投入大量的经费用于系统的升级和维护，这对中小林业局来说是难以承受的沉重负担，即便是大林业局，也迫切希望能够降低信息系统运行的成本。

这些矛盾和问题严重阻碍着我国林业信息化的进程，影响了林业现代化管理应用的普及。这些问题的解决除了需要管理体制的变革之外，也有赖于新技术的发展。网格技术就是应对这些问题而出现的新技术，将为国家信息化建设、经济和社会可持续发展发挥重要的作用。网格支持资源共享、协同工作,将成为新一代信息基础设施[6]。

随着科技的发展,森林防火的科学化进程不断加快,森林防火的科技含量不断增加。如何充分利用现代科技防御森林火灾,加强森林防火监督,成为现代化林业管理面临的迫在眉睫的任务之一。面对这项任重而道远的任务,我们必须与时俱进,将理论和科学技术充分应用到实践中去,真正将科学转化为第一生产力。

由于我国地理环境与经济发展的影响,我国森林资源多为用材林,人员林区作业比较频繁,这就给我国森林安全带来很大隐患。根据统计显示,1950~1997年,我国共发生森林火灾67.6万次,年均高达1.43万次,年均受害森林面积822万平方千米[4]。而且我国森林资源分布严重不均匀,主要集中在西南和东北地区,而黑龙江省是东北地区林区最多的省份,境内有大、小兴安岭等众多林场,所以防火也成了林区最重要的政府工作之一。近几年,随着生态环境的不断恶化,人们对森林的作用也越来越重视,从国家到地方,在政策和资金上都给了大量的支持。

我国自大兴安岭地区1987年5月6日大火以后,国家相关部门与黑龙江省政府共同出资,建立了大兴安岭防火灭火研究专项基金,并利用加拿大的援助资金与技术支持和世界银行贷款,在全省林区建立和推广现代的火场监控网络,并开发研制了火险预测预报系统、林火管理系统、地理与资源系统等相关专题系统[5]。使森林防火由原来的经验型,逐步向信息化、现代化、自动化型转变。

近年来,计算机技术也正在逐渐向我国森林防火管理中渗透。我国森林防火系统的研究已卓有成效,防火工作已逐步由经验型向科学管理型转变,如建立了卫星防火监测网;开发了地理信息和资源信息系统;开展了森林防火的内业建设。重点进行火险预测预报系统、监测系统、林火跟踪定位系统、地理与资源信息系统、辅助决策系统、通讯信息系统等6个系统的现代化建设;制定了全国森林火灾评估办法;完成了全国森林火险等级划分;试验和应用了飞机化学防火,生物防火等。在防火、扑火辅助系统中,其中比较成功的有中国林业科学院资源信息所和国家林业总局信息中心利用世界银行贷款建设了一套森林防火计算机系统;2001年,大兴安岭森林防火信息指挥中心与沈阳北大青鸟商用信息系统有限公司达成合作意向,研制开发了森林防火数字辅助决策系统。这些研究和开发为GIS在森林火灾管理中的应用做出了积极的探索。

林业比较发达的国家,都建立了自己的专业林火研究机构。根据本国的实际情况，及时做出相应的扑救对策。美国、加拿大和澳大利亚在 20 世纪 80 年代都分别开发了各自的森林火灾管理系统。美国 1972 年研制出国家级森林火险预报系统，在全国范围得到广泛的应用；1987 年加拿大研制出微型计算机支持的森林火险等级系统；美国又相继研发出野外火管理辅助决策系统，模拟林火空间蔓延动态的 Farsite 软件。随着 "3S" 技术的发展，美国和加拿大等计算机技术发达的国家都相继有建立自己国家全国范围内的地理信息库。并建立一定规模的森林监控网络；澳大利亚也早就将计算机应用于森林防火，林区的相关信息输入到计算机，一旦有火情的发生，巡航的飞机利用红外探火设备，把火场的位置、速度、蔓延方向等各种有用的信息传回扑火指挥部，系统会根据上述信息自动生成相应的扑火预案，指挥人员可以根据计算机显示的火场地形、植被以及当时气象信息，参考扑火预案指挥森林火灾的扑救[6]。

1.3 森林防火网格模型的应用潜力分析

本系统研究的目的就是要提出了一种基于网格的森林防火辅助决策系统模型，也即森林防火网格模型来解决林火管理工作实践中数字资源平台异构、并发使用难、开发维护成本高等具体问题，打破不同信息源、不同机构间的屏障，为用户提供快捷、方便的资源使用环境。同时，将各林业局的林火管理资源合理而有效地组织起来，实现广泛协作、共建共享，形成基于各林业局级林火管理的大型虚拟计算机，以获得超强的计算能力和处理能力，以便为林火管理工作提供更好的辅助决策支持，帮助决策者做出更科学、更准确的判断，从而大大加强林火防御体系的防灾能力和应变能力。

该模型的成功构建将可以解决如下一些问题：

（1）解决资源异构性问题。由于各林业局资源种类繁多，包括地理上分布的、可以通过 Internet 访问到的所有林业局的分布式异构资源，运行不同操作系统的计算机、工作站、存储设备、各种数据库、仪器设备和应用系统等，构成整个网格系统的物理资源和逻辑资源。这些资源很分散且各自所在平台存在较大差异，存在严重的资源异构问题。而利用森林防火网格的异构资源层就可解决这一问题，屏蔽这种资源异构。

（2）提高资源利用率。模型提供直观友好、操作简单的用户界面，突破为单一用户服务的模式，建立开放的多用户管理机制。各类型只需要通过一定的认证登录后就可以共享整个网格内的资源，包括：气象数据、专家库、方法库等相关资源，而不考虑资源来自于哪个林业局，由谁提供。

（3）提高昂贵资源的利用率及性价比。由于在林火管理需要及时了解气象变化、火场蔓延图像、林业资源分布等信息，而要实时监控得到这些信息，必须购买卫星图片、航片等。还有在林火管理中有时需要高性能的分布式并行系统处理海量地理信息数据。这些让很多林业局感到力不从心、望而却步。而且即使某一林业局购买这些昂贵资源后，往往也是利用率不高，造成很大财力浪费。而网格则可以使这些林业局通过合购昂贵资源、共享资源来实现节约成本的目的，还可以通过协同工作，提高数据库的处理能力，完成大规模的数据库处理要求，而不必每个林业局都拥有高性能的大型并行机群。

（4）节约成本，克服重复建设。本模型构建森林防火网格模型的目的就是要通过建立网格环境，达到全面的资源共享，有效克服资源重复建设严重、资源地区分布不均、资源局限性等问题，解决目前共享协作能力差、防灾应变体系僵硬，以及由于各自分散建设而耗费大量的人力、物力和财力等问题。同时，为欠发达林区的林火管理工作提供跨越式发展的途径。

系统开发的前台相关技术

2.1 J2EE 与 MVC 模式

2.1.1 J2EE 的系统无关性与 JavaBean

J2EE（Java 2 Platform Enterprise Edition）是美国 Sun 公司于 1997 年在其 Java 大会上宣布的，它是一个全新概念的模式。它是为了满足开发多层次体系结构的企业级应用的需求提出的，与传统的互联网应用程序模型有着无可比拟的优势。

J2EE 所对应的 Java2 平台是一个跨系统平台，适用于多版本系统，比较有利于在不同的开发和运行环境下协调工作，有着很好的移植性、开放性、可扩充性等优点。Java 语言是一种纯面向对象的程序设计语言，它具有面向对象的封装、继承、多态、动态的特点。Java 语言编写的程序经过 Java 编译器编译成相应的字节码，而这些字节码可以在任何安装 Java2 平台上运行[7]。

JavaBean 是一种 Java 语言写成的可重用组件。因为写成的 JavaBean 必须是具体的、公共的和无参数的。JavaBean 通过提供符合一致性模式的公共方法将内部域暴露成为属性，其他 Java 类可以通过自省机制发现和操作这些 JavaBean 属性。用户可以使用 JavaBean 将功能、处理、值、数据库访问的 Bean 和其他任何可以用 Java 代码创造的对象进行打包，并且其他的开发者可以通过内部的 JSP 页面、Servlet、其他的 JavaBean、Applet 程序或者应用来使用这些对象。用户可以认为 JavaBean 提供了一种随时随地的复制和粘贴的功能，而不用关心任何变化[8~11]。

编写 JavaBean 就是编写一个 Java 类，为了让使用这个 Bean 的应用程序构建工具（如 JSP 引擎）能够找到这个类的属性和方法，JavaBean 在类的方法命名上还应该遵守以下规则[12]：

（1）如果类的成员变量的名字是×××，那么为了方便更改或获取成员变量的值，即更改或者获取属性，在类中可以使用两种方法：

getX××（　），用来获取属性×××。

setX××（　），用来修改属性×××。

（2）对应 boolean 类型的成员变量，即布尔逻辑类型的属性，允许使用"is"来代替（1）中的"get"和"set"方法。

（3）类中访问属性的方法都必须是 public 的。

（4）类中如果有构造函数，那么这个构造方法也应该是 public 并且是无参数。

2.1.2 MVC 概念

传统二层模式的 B/S 项目开发过程中还存在着很多问题，如果由于没有良好的开发框架，客户端页面代码中包含了大量的涉及业务逻辑的代码，使得程序晦涩难懂[13]；而当用户对页面的需求有所变化时，往往需要对核心业务代码进行修改。甚至牵一动百，影响到整个业务逻辑，最终导致开发成本的升高、开发效率的降低和系统延迟交付。更严重的是，对于一些大型系统，由于需求的多次变更，对核心代码的多次修改，导致系统混乱，开发工作无法继续进行。针对这种情况，就需要将整个系统按照功能不同划分为空间数据访问层，空间数据业务逻辑计算处理层和专题图的显示层。对系统的修改只限定在某一层。目前，MVC 的三层设计模式就是非常流行的软件设计模型。

MVC 模式弱化了业务逻辑接口和数据接口之间的耦合，使逻辑与呈现相分离，从而让表现层更为独立，更有利于修改，增加了代码的可维护性与扩展性。

2.1.3 MVC 模式内容

MVC 模式将应用系统的各个功能划分开来，各司其职。MVC 模式包括三部分内容[14,15]：

（1）模型（Model）。是应用程序的主体部分，是整个模式的核心，它表示解决方案中真正的逻辑。它采用面向对象的方法，将问题领域中的对象抽象为应用程序对象。在这些抽象对象中封装了应用程序的数据结构和这些对象所隐含的逻辑，集中体现了应用程序的状态。

（2）视图（View）。是应用程序中负责生成用户界面的部分。与 Web 应用程序一样，主管应用程序与用户之间的接口。一方面，它为用户提供了输入手段，并触发应用逻辑运行；另一方面，它又将逻辑运行的结果以某种形式显示给用户。

（3）控制器（Control）。根据用户的输入，控制用户界面数据显示及更新 Model 对象状态。它是用户界面与 Model 的连接，一方面，它解释来自于 View 的输入，将其解释成系统能够理解的对象，同时它也识别用户动作，并将解释对 Model 特定方法的调用；另一方面，它也处理来自于 Model 的事件和 Model 逻辑执行的结果，并调用适当的 View 为用户提供反馈。

2.1.4 MVC 模式的优缺点

2.1.4.1 MVC 模式的优点

MVC 模式的优点具体为：
（1）开发人员可以只关注整个结构中的其中某一层。
（2）可以很容易用新的实现来替换原有层次的实现。
（3）可以降低层与层之间的依赖。
（4）有利于标准化。
（5）有利于各层逻辑的复用。

2.1.4.2 MVC 模型的缺点

MVC 模型的缺点具体为：
（1）降低了系统的性能。
（2）有时会导致级联的修改。

2.2 JSF 框架

2.2.1 JSF 框架的概述

Java Server Faces（JSF）是一种标准的 J2EE 表示层的技术，其主旨是为了使 Java 开发人员能够快速的开发基于 Java 的 Web 应用程序[16]。JSF 提供了事件驱动的页面导航模型。Java Server Faces 也是一种遵循模型-视图-控制器（MVC）模式的框架。实现了视图代码（View）与应用逻辑（Model）的完全分离。所有对 JSF 页面的请求都会通过一个前端控制器（FacesServlet）处理，系统自动处理用户的请求，并将结果返回给用户[17,18]。

2.2.2　JSF 框架的组成与体系结构

2.2.2.1　JSF 框架的组成

JSF 框架主要有以下两个部分组成：

（1）用于表示 UI 组件和管理它们的状态，处理事件，服务器验证和数据转换，定义页面导航，支持国际化和可访问性，以及为所有这些特性提供可扩展性的 API。

（2）两个用于表示 JSP 页面中的 UI 组件及用于编写到服务器端对象的 JSP 自定义标签库[19]。

2.2.2.2　JSF 体系结构

JSF 框架是典型地实现了 MVC 设计模式的框架，并且严格按照 MVC 模式划分各个部分的功能[20,21]。其框架结构图如图 2-1 所示。

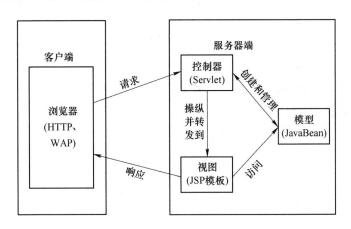

图 2-1　JSF 的 MVC 体系结构

可以通过对图 2-1 中的 faces-config. xml 文件进行配置来使用和管理 Bean，这些 Bean 可以是 JavaBean，也可以是 EJB 构建辅助的企业应用。

JSF 框架提供的 UI 组件树以及与 UI 组件绑定的转换器、验证器等实现视图的功能。

其中，JSF Core Library 负责基本程序的运行，包括程序运行生命周期的控制、事件的处理等。

在 JSF 应用中，通过配置 Servlet 文件以及 faces-config. xml 文件来控制页面中的流程。所以，这两个文件在整个系统中起到的就是 MVC 模型中的控制器的作用。

2.2.3 JSF 系统发布的文件配置

要实现 JSF 程序的运行，还需要各种文件的配置，需要在 JSF 网站上下载相关的 jar 文件复制到 Web 应用程序的/web-inf/lib 目录下。除 jar 包放在 lib 文件下，还需要对两个配置文件 web. xml 和 faces-config. xml 进行配置，前者是 Web 应用的核心文件，后者是基于 JSF 框架的 Web 应用的配置描述文件，是整个 JSF 应用的核心。

2.2.3.1 web. xml 文件的配置

web. xml 是 Web 应用程序的入口文件，Web 容器在启动时从该文件读取配置信息，根据相应的配置信息来装配和配置 Web 应用，下面就 web. xml 的几个需要配置的元素进行配置[22]。

（1）Servlet 配置。

在 JSF 应用中，最重要的一步是配置 FacesServlet 和 FacesServlet 映射关系。地图数据处理的 Servlet 配置如下：

```
< servlet >
< servlet-name > MimeData Servlet </servlet-name >
< servlet-class > com. esri. arcgis. webcontrols. util. ADFMimeDataServlet </servlet-class >
< load-on-startup > 1 </load-on-startup >
</servlet >
< servlet-mapping >
  < servlet-name > MimeData Servlet </servlet-name >
  < url-pattern >/mimedata/ * </url-pattern >
  </servlet-mapping >
```

（2）标签库配置。

为了在 Web 应用中使用 JSF 框架和 AJAX4jsf 框架提供的标签库，需要在 web. xml 文件中进行配置。配置如下：

```
< taglib >
    < taglib-uri > http：//java. sun. com/jsf/core < /taglib-uri >
    < taglib-location >/WEB-INF/html_core. tld </ taglib-location >
</ taglib >
< taglib >
    < taglib-uri > http：//ajax4jsf. dev. java. net/ajax < /taglib-uri >
    < taglib-location >/WEB-INF/a4j. tld </ taglib-location >
</ taglib >
```

2. 2. 3. 2　faces-config. xml 文件的配置

在启动有 JSF 框架开发的 Web 应用时，系统会读入其配置文件 faces-config. xml，通过读取它来创建和配置各种 JSF 组件。配置文件的几个主要的配置的元素进行配置[22]。

（1）配置 managed-bean。

< managed-bean >元素声明 UI 组件的 model 对象。这些 managed-bean 可以与页面中的值绑定表达式和方法绑定表达式配合使用。配置如下：

```
< managed-bean >
< managed-bean-name > esriWebIdentifyResults </ managed-bean-name >
< managed-bean-class >
    com. esri. arcgis. webcontrols. ags. data. AGSWebIdentifyResults
</ managed-bean-class >
< managed-bean-scope > application </ managed-bean-scope >
</ managed-bean >
```

（2）配置 nacigation-rule。

页面间的导航规则定义了如何把分散的页面组成有机的整体配置如下：

```
< navigation-rule >
    < from-view-id >/projectOrderAddOrModify. jsp </ from-view-id >
```

```
< navigation-case >
    < from-action >#｛ esriWebIdentifyResults. find｝ < /from-action >
    < from-outcome > success < /from-outcome >
    < to-view-id >/ResultsList. jsp < /to-view-id >
</navigation-case >
< navigation-case >
    < from-action >#｛ esriWebIdentifyResults. find ｝ < /from-action >
    < from-outcome > failure < /from-outcome >
    < to-view-id >/ResultsModify. jsp < /to-view-id >
</navigation-case >
</navigation-rule >
```

2.3　Servlet 技术

Servlet 是 J2EE 规范的一个组成部分，它是运行在服务器上的程序模块，能够扩展服务器端功能[23~24]。Servlet 是一个与协议无关的、跨平台的服务器端组件，它被集成到服务器中，可实现网络动态加载。Servlet 没有用于与客户交互的界面，Servlet 没有 main 方法，只有一些特定的方法用于启动、执行、退出，它可与运行于客户端的 Applet、Form 交互，也可直接与客户端的 HTML 交互。

Servlet 是一个生成动态内容的 Web 组件，由 Servlet 容器管理，Servlet 通过 Servlet 容器实现的 Request-Response 模型同 Web 客户交互。Servlet 容器同 Web 服务器或应用服务器连接，提供了 HTTP 请求和响应所需的网络服务[25]。

要完全用 Servlet 来进行页面的开发，会造成页面的表现与数据的混乱。所以，Servlet 技术要与 JSP 技术或 JSF 技术相结合。

2.4　JNDI 技术

JNDI 是 Java 平台的一个标准扩展，提供了用于访问命名和目录服务的一组接口和类[26]。JNDI 独立于任何具体的名字和目录服务实现，使应用程序能够通过统一的方式访问多种名字和目录服务。

JNDI 命名服务把对象映射为名称。这种映射提供了一种方法，使你可以获得远程对象的引用，以及调用远程对象方法，而不必知道该对象在网络上的物理地址。

JNDI 是 Java 命名与目录接口，在 J2EE 规范中是重要的规范之一，可以理解为一组帮助实现多个命名和目录服务接口的 API。

JNDI 是 SUN 公司提供的一种标准的 Java 命名系统接口，JNDI 提供统一的客户端 API，通过不同的访问提供者接口 JNDI SPI 的实现，由管理者将 JNDI API 映射为特定的命名服务和目录系统，使得 Java 应用程序可以和这些命名服务和目录服务之间进行交互。集群 JNDI 实现了高可靠性 JNDI，通过服务器的集群，保证了 JNDI 的负载平衡和错误恢复。在全局共享的方式下，集群中的一个应用服务器保证本地 JNDI 树的独立性，并拥有全局的 JNDI 树。每个应用服务器在把部署的服务对象绑定到自己本地的 JNDI 树的同时，还绑定到一个共享的全局 JNDI 树，实现全局 JNDI 和自身 JNDI 的联系。

JNDI 包含了大量的命名和目录服务，使用通用接口来访问不同种类的服务，并可以同时连接到多个命名或目录服务上；它还可以建立起逻辑关联，允许把名称同 Java 对象或资源关联起来，而不必指导对象或资源的物理 ID。这样，就可以在无需知道对象位置的情况下获取和使用对象。只要该对象在命名服务器上注册过，且知道命名服务器的地址和该对象在命名服务器上注册的 JNDI 名，就可以找到该对象，获得其引用，从而运用它提供的服务。

JNDI 在 J2EE 中的角色就是"交换机"，即在 J2EE 组件运行时，间接地查找其他组件、资源或服务的通用机制。在多数情况下，提供 JNDI 供应者的容器可以充当有限的数据存储，这样管理员就可以设置应用程序的执行属性，并让其他应用程序引用这些属性。

引用 JNDI 技术的优点就在于，不需要关心"具体的数据库后台是什么？JDBC 驱动程序是什么？JDBC URL 格式是什么？访问数据库的用户名和口令是什么？"等这些问题。而是把这些问题交给 J2EE 容器来配置和管理，只需要对这些配置和管理进行引用即可。这样就避免了程序与数据库之间的紧耦合，使应用更加易于配置、易于部署。具体分如下两个步骤进行：

（1）配置数据源。即为初始化上下文设置 JNDI 的环境属性。

（2）在程序中引用数据源。即通过 JAVA 客户端使用 Weblogic JNDI。

基于"3S"技术的森林资源智能管护系统使用 Weblogic 服务器提供一

些底层服务，并实现了 JNDI 的标准 JAVA 接口，即 weblogic. jndi. WLInitialContextFactory 使用了标准 JNDI 接口。这样，系统对于客户端和服务器端的连接就不受约束。无论是 Web 层面上的应用服务器，还是更深层次地理信息系统服务器（即 GIS 服务器）；无论是面向分布式结构，还是面向集中式结构；系统对于服务器的连接都变得便捷了，它使系统不用再考虑这个要连接的对象所在的位置和所处的网络状态，而只是使用已经与对象关联好的名称即可。

这样一个灵活的结构完全符合林业管护工作的管理要求，能够很好融合静态的地图查询、文件管理等工作和动态的森林资源巡护、上报记录等工作。使系统的实现具有可行性，并为系统的实现提供了技术支持。

2.5 JDBC 技术

Java 数据库连接 JDBC 为 Java 开发人员提供了一个行业标准 API，它可以在 Java 应用同大量关系数据库管理系统之间建立起独立于数据库的连接，例如 Oracle，Informix，Microsoft SQL Server 和 Sybase 等关系数据库管理系统[27~28]。该 API 提供了数据库的调用层接口。

JDBC API 同时支持数据库访问的两层和三层模型。在两层数据库访问模型中，应用程序直接同数据库进行通信，其间需要 JDBC 驱动，由 JDBC 驱动把用户的 SQL 语句直接传递给数据库。这些语句的结果发送回应用程序。在三层数据库访问模型中，JDBC 驱动把用户命令发送到一个中间层应用服务器，然后由它把命令发送给数据库。数据库处理这些命令，并把结果发送回中间层，然后中间层把结果发送给应用程序。三层结构在扩展能力、实用性、维护和性能方面都具有优势[29]。

有了 JDBC，向各种关系数据发送 SQL 语句就是一件很容易的事。换言之，有了 JDBC API，就不必为访问 Sybase 数据库专门写一个程序，为访问 Oracle 数据库又专门写一个程序，或为访问 Informix 数据库又编写另一个程序等，程序员只需用 JDBC API 写一个程序就够了，它可向相应数据库发送 SQL 调用。同时，将 Java 语言和 JDBC 结合起来使程序员不必为不同的平台编写不同的应用程序，只需写一遍程序就可以让它在任何平台上运行，这也是 Java 语言"编写一次，处处运行"的优势。

Java 数据库连接体系结构是用于 Java 应用程序连接数据库的标准方法。JDBC 对 Java 程序员而言是 API，对实现与数据库连接的服务提供商而言是接口模型。作为 API，JDBC 为程序开发提供标准的接口，并为数据库厂商及第三方中间件厂商实现与数据库的连接提供了标准方法。JDBC 使用已有的 SQL 标准并支持与其他数据库连接标准，如 ODBC 之间的桥接。JDBC 实现了所有这些面向标准的目标并且具有简单、严格类型定义且高性能实现的接口。Java 具有坚固、安全、易于使用、易于理解和可从网络上自动下载等特性，是编写数据库应用程序的杰出语言。所需要的只是 Java 应用程序与各种不同数据库之间进行对话的方法，而 JDBC 正是作为此种用途的机制。

简单地说，JDBC 可做三件事：与数据库建立连接、发送操作数据库的语句并处理结果。下列代码段给出了以上三步的基本示例：

```
Connection con  =  DriverManager. getConnection("jdbc:odbc:wombat","login",
"password") ;
Statement stmt  =  con. createStatement(   ) ;
ResultSet rs  =  stmt. executeQuery("SELECT a, b, c FROM Table1") ;
while ( rs. next(   )) {
int x  =  rs. getInt("a") ;
String s  =  rs. getString("b") ;
float f  =  rs. getFloat("c") ;
}
```

上述代码对基于 JDBC 的数据库访问做了经典的总结。当然，在本小节的后续部分会对它做详尽的分析讲解。

JDBC 是个"低级"接口，也就是说，它用于直接调用 SQL 命令。在这方面它的功能极佳，并比其他的数据库连接 API 易于使用，但它同时也被设计为一种基础接口，在它之上可以建立高级接口和工具。高级接口是"对用户友好的"接口，它使用的是一种更易理解和更为方便的 API，这种 API 在幕后被转换为诸如 JDBC 这样的低级接口。

在关系数据库的"对象/关系"映射中，表中的每行对应于类的一个实例，而每列的值对应于该实例的一个属性。于是，程序员可直接对 Java 对象进行操作；存取数据所需的 SQL 调用将在"掩盖下"自动生成。此外，还可提供更复杂的映射。例如，将多个表中的行结合进一个 Java 类中。

随着人们对 JDBC 的兴趣日益增长，越来越多的开发人员一直在使用基于 JDBC 的工具，以使程序的编写更加容易。程序员也一直在编写力图使最终用户对数据库的访问变得更为简单的应用程序。例如，应用程序可提供一个选择数据库任务的菜单。任务被选定后，应用程序将给出提示及空白供填写执行选定任务所需的信息。所需信息输入应用程序将自动调用所需的 SQL 命令。在这样一种程序的协助下，即使用户根本不懂 SQL 的语法，也可以执行数据库任务。

JDBC 尽量保证简单功能的简便性，而同时在必要时允许使用高级功能。启用"纯 Java"机制需要像 JDBC 这样的 Java API。如果使用 ODBC，就必须手动地将 ODBC 驱动程序管理器和驱动程序安装在每台客户机上。如果完全用 Java 编写 JDBC 驱动程序，则 JDBC 代码在所有 Java 平台上（从网络计算机到大型机）都可以自动安装、移植并保证安全性。

总之，JDBC API 对于基本的 SQL 抽象和概念是一种自然的 Java 接口。它建立在 ODBC 上而不是从零开始。因此，熟悉 ODBC 的程序员将发现 JDBC 很容易使用。JDBC 保留了 ODBC 的基本设计特征。事实上，两种接口都基于 X/Open SQL CLI（调用级接口）。它们之间最大的区别在于：JDBC 以 Java 风格与优点为基础并进行优化，因此更加易于使用。

JDBC API 既支持数据库访问的两层模型（C/S），同时也支持三层模型（B/S）。在两层模型中，Java applet 或应用程序将直接与数据库进行对话。这将需要一个 JDBC 驱动程序来与所访问的特定数据库管理系统进行通信。用户的 SQL 语句被送往数据库中，而其结果将被送回给用户。数据库可以位于另一台计算机上，用户通过网络连接到上面。这就叫做客户机/服务器配置，其中用户的计算机为客户机，提供数据库的计算机为服务器。网络可以是 Intranet（它可将公司职员连接起来），也可以是 Internet。

到目前为止，中间层通常都用 C 或 C++ 这类语言来编写，这些语言执行速度较快。然而，随着最优化编译器（它把 Java 字节代码转换为高效的特定于机器的代码）的引入，用 Java 来实现中间层将变得越来越实际。这将是一个很大的进步，它使人们可以充分利用 Java 的诸多优点（如坚固、多线程和安全等特征）。JDBC 对于从 Java 的中间层来访问数据库非常重要。

对于复杂的应用程序，JDBC 用第三种方法来处理 SQL 的一致性问题，它利用 DatabaseMetaData 接口来提供关于 DBMS 的描述性信息，从而使应用程序能适应每个 DBMS 的要求和功能。

由于 JDBC API 将用作开发高级数据库访问工具和 API 的基础 API，因此它还必须注意其所有上层建筑的一致性。"符合 JDBC 标准 TM"代表用户可依赖的 JDBC 功能的标准级别。要使用这一说明，驱动程序至少必须支持 ANSI SQL-2 Entry Level（ANSI SQL-2 代表美国国家标准局 1992 年所采用的标准。Entry Level 代表 SQL 功能的特定清单）。驱动程序开发人员可用 JDBC API 所带的测试工具包来确定他们的驱动程序是否符合这些标准。

"符合 JDBC 标准 TM"表示提供者的 JDBC 实现已经通过了 JavaSoft 提供的一致性测试。这些一致性测试将检查 JDBC API 中定义的所有类和方法是否都存在，并尽可能地检查程序是否具有 SQL Entry Level 功能。当然，这些测试并不完全，而且 JavaSoft 目前也无意对各提供者的实现进行标级。但这种一致性定义的确可对 JDBC 实现提供一定的可信度。随着越来越多的数据库提供者、连接提供者、Internet 提供者和应用程序编程员对 JDBC API 的接受，JDBC 也正迅速成为 Java 数据库访问的标准。

GIS平台的选择及空间数据库的建立

3.1　WebGIS 相关知识

3.1.1　WebGIS 简介

自 1963 年地理信息系统（GIS）诞生以来，GIS 在能源、资源、环境、农业等各个方面都得到广泛的应用。但是随着计算机互联网技术的广泛应用，以往用于单一部门内部的 GIS 系统已经无法满足信息化时代信息分布和资源共享的需求，越来越多的人希望能够在 Internet 上也能访问到 GIS 的数据。网络技术的崛起为 GIS 的发展注入了新的活力，GIS 与网络技术相融合，形成一个基于 Internet 技术的 GIS 集成信息平台[30~34]。

WebGIS 就是在 Internet 或 Intranet 网络环境下的一种兼容、存储、处理、分析、显示和应用空间数据的计算机信息系统。它主要是通过支持 WWW 协议的客户端或浏览器来浏览和获取一个地理信息系统的数据和功能服务[36,37]。

3.1.2　WebGIS 服务器平台的选择

3.1.2.1　ArcGIS Server 平台

ArcGIS Server 是 ESRI 公司推出的为了企业构建完整的地理信息系统的综合软件平台[29]。ArcGIS Server9.2 是用于构建集中管理、支持多用户的企业级 GIS 应用的平台。ArcGIS Server 提供了丰富的 GIS 功能，例如地图显示、定位器和用在中央服务器应用中的软件对象。利用 ArcGIS Server 可以构建 Web 应用、Web 服务和企业级应用。这些有 ArcGIS Server 提供的服务功能都可以与标准的 . NET 和 J2EE Web 服务器相集成。

3.1.2.2 ArcGIS Server 组成

ArcGIS Server 包含两个主要部件：GIS 服务器和 . NET 与 Java 的 Web 应用开发框架（ADF）。GIS 服务器是 AO 对象宿主，包含核心的 AO 代码库，在服务器上为 AO 提供一个灵活的运行环境；ADF 允许用户使用运行在 GIS 服务器上的 AO 来构建和部署 . NET 或 Java 的桌面和 Web 应用[39~42]。

3.1.2.3 ArcGIS Server 体系结构

ArcGIS Server 是一个分布于多台机器的组件构成的分布式系统。Arc-GIS Server 系统中的每一个组件都在整个系统中担任特定的角色，如进行管理、激活、挂起以及平衡分配资源到每个给定的服务对象或服务对象组等。ArcGIS Server 系统由 GIS Server、Web 服务器、Web 浏览器和桌面应用组成。ArcGIS Server 体系结构如图 3-1 所示[15]。

GIS Server 是运行 SOC 和 SOM 的机器。SOM，即 Server Object Manager（Server Object 管理器），负责管理调度 Server Object，而具体 Server Object 的运行是在 ArcSOC. exe 进程中。SOC，即 Server Object Container（Server Object 容器）。SOM 和 SOC 可以运行在同一台机器上，也可以是 SOM 独占一台机器，管理一个或多个运行 SOC 的机器。采用分布式部署，可以大幅度提高 GIS Server 的整体性能，扩展能力更强。

Web Server 是运行 Web 应用程序或 Web Service 的机器。这里的 Web 应用程序或 Web Service 通过访问 GIS Service 并调用 GIS Server 的对象来实现 GIS 功能，然后把结果返回客户端。

Web Browsers：诸如 IE，Firfox 等 Web 浏览器软件。

桌面应用程序：可以是 ArcGIS Desktop[16] 和 ArcGIS Engine 应用。通过 Http 协议访问在 Web Server 上发布的 ArcGIS 网络服务，或者通过 LAN/WAN 直接连接到 GIS Server。一般通过 ArcCatalog 应用程序来管理 ArcGIS Server[17]。

ArcGIS Server 是通过运行并管理运行在 GIS 服务器上的服务器对象来提供 GIS 资源，实现相应功能。服务器对象是管理和提供 GIS 资源服务的软件对象。服务器对象本身是一种粗粒度的 AO 组件，简化了编程模型，用于实现特定功能，并隐藏了位于底层的细粒度的 AO 组件。这些粗粒度的服务对象实现了客户端调用的大量工作集合。ArcGIS Server9. 0 包含两种粗粒度的服务器对象：展示地图服务对象（MapServer Object）和展示定位器服务对象（GeocodeServer Object）。展示地图服务对象提供了一个为获得

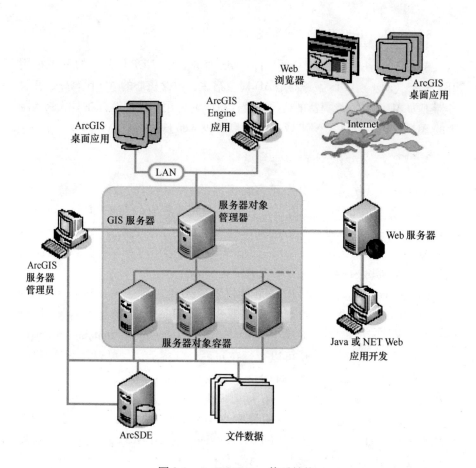

图 3-1 ArcGIS Server 体系结构

电子地图信息和查询、编辑地图的通道；展示定位器服务对象提供了获得
地址定位器的通道和方法，用来执行单一和批量地址定位。两种服务器对
象都是通过调用服务器上的 AO 来实现 GIS 服务功能的。

3.1.2.4 ArcGIS Server 管理

ArcGIS Server 主要由两部分组成，一是 GIS Server，包含 ArcObjects 核
心库，提供可伸缩的环境；二是基于 . Net 和 Java 的 Web 应用开发框架
（ADF），含建立和部署 Web 应用，服务完全在服务器端完成，减少了客户
端的维护工作。

GIS 服务器由服务器对象管理器（Server Object Manager，SOM）与服

务器对象容器（Server Object Container，SOC）组成，是 ArcObjects 对象的宿主，GIS 服务器是管理和运行服务对象的服务器，是由一个 SOM 和若干个 SOC 组成，即 GIS Server = SOM + n × SOCs[18]。服务器对象管理器 SOM 是一个运行在一台机器上的 Windows 服务对象管理器，用于管理一个或多个容器服务器中的服务对象或服务对象组。当一个应用通过 LAN 或 WAN 建立 GIS Server 的连接，实际就是建立一个 SOM 的连接，连接的标识是机器的 IP 或机器名。服务器对象容器 SOC 是运行一个或多个服务对象的进程，它由 SOM 启动和关闭，SOC 进程运行在 SOC 容器服务器之上，每个 SOC 服务器通过 SOM 的管理可以宿主多个服务对象。所有的服务对象通过 SOM 的管理分别平均分配到各个 SOC 容器，实现系统负载均衡[19]。

（1）管理 SOC。在安装 ArcGIS Server 后需增加一台或多台 SOC 来宿主服务器对象。在运行过程中，由于不同的原因有可能需要周期性地增加或删除计算机。当增加一台计算机至服务器时，GIS 服务器将立即启用其提供的计算资源，整个系统的计算能力也将得到提高；当从系统中移除一台计算机时，其他 SOC 上的负载将会增加，也将影响到整个系统的性能，而其上的服务器对象将被重新分配到其他机器上去。

（2）配置服务器目录。服务器目录是网络上的一个真实存在的目录，可被 GIS 服务器上的所有 SOC 访问，也可被指定到一个虚拟目录。GIS 服务器管理一个或多个服务器目录，周期性地删除其中的文件。在配置 Map Server 对象时，若没有为其指定一个服务器目录，由 GIS 服务器产生的所有图像都将以 MIME 数据格式返回。反之，输出图像将被存入所指定的服务器目录，Web 服务器就能通过虚拟目录访问到它们。

（3）指定 log 文件地址。ArcGIS Server 在 log 文件中记录系统消息。当怀疑系统哪个部分运行出现问题时，便可检查 log 文件，其中记录有 GIS 服务器的详细信息[33]。

3.1.2.5 服务器对象（Server Object）

ArcObjects 是一种集成的、面向对象的地理数据模型的软件组件库，提供了 ArcGIS 的全部功能，是开发 GIS 应用程序的基础[18]。服务器对象实质上是 GIS 服务器上细粒度（fine-grained）的 ArcObjects 组件，经过封装所得到的一种粗粒度（coarse-grained）的 ArcObjects 组件对象。它其中包装了各种 GIS 资源以提供服务。ArcGIS Server 提供了两种服务器对象：地图服务（Map Server）和定位器服务（Geocode Server）。前者是提供地图文档的服务，而后者是提供定位器的服务。例如，可以用一个命名为 tahe 的 Map Server 对象来支持塔河林业局的地图文档数据，或者一个命名为 Tahe Geocode 的 Geocode Server 对象来支持地理编码地址定位器。服务器对象在 GIS 服务器中管理和运行，可被不同的应用程序共享。

3.1.2.6 服务器对象的管理

在使用服务器对象过程中，必需考虑到服务器对象生命周期的管理。服务器对象存活于服务器上下文（Server Context）中[20]。服务器上下文是运行一组服务器对象的服务器上的保留空间，用于管理服务器对象以及与之相应的 ArcObjects 对象。服务器对象是通过服务器上下文直接或间接获取的。任何细粒度的 ArcObjects 对象的创建必须在服务器上下文中。可以将服务器上下文想象成一个进程，由运行服务器对象的服务器管理。服务器上下文提供了一种在相同空间和"进程"中创建对象的方法，并作为一个运行的服务器对象，在同一个服务器上下文中工作的对象合作更好。

服务器对象的池性特性有池化和非池化两种。池化的服务器对象能被多个会话共享。它是在第一次与 ArcGIS Server 会话（Session）时被服务器创建，并被保存在池中。其他的会话不需要再创建，而是直接从池中获取。当释放了服务器上下文或会话结束时，服务器对象没有被服务器析构，它依然存在于池中。客户端应用不能改变一个池化的服务器对象的属性。其流程如图 3-2 所示。

非池化的服务器对象不能被多个会话共享。它是在每一个新用户的会话开始时被服务器创建，一个用户独占一个服务器对象。即有多少个用户会话，就有多少个服务器对象，但不能超过服务器设置的最大的服务器对象的个数。当用户结束会话时，服务器对象会被服务器析构。其流程如图 3-3 所示。

非池化对象是可读可写的，但池化对象只读不可写。SOC 是服务器对象的容器，在连接到 GIS 服务器后，必须使 SOC 与 SOM 建立连接。这样使用 ArcCatalog 就能管理和配置运行在 SOC 中的服务器对象。一旦将服务器对象添加到服务器中后，客户端就能通过服务器来访问这些对象。使用 ArcCatalog 能监视每一个对象的运行状况和出现的问题，还能获得对象的统计信息如使用时间、等待时间等。根据这些信息，管理员能根据需要加以修改，如增加 SOC，以应付过大的网络负载，或给某个对象分配更多的实例[34~36]。

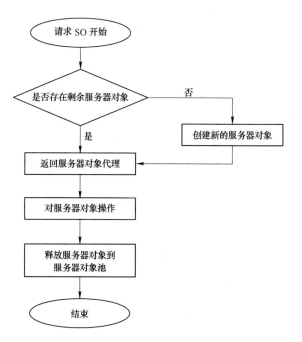

图 3-2 池化服务器对象处理流程图

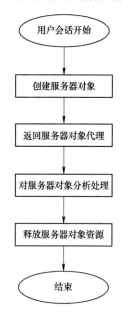

图 3-3 非池化服务器对象处理流程图

3.1.2.7　服务器对象的应用状态

服务器对象的应用状态表明该服务器对象能否被多个应用共享[18]。它分为无状态（stateless）和有状态（stateful）。前者是指应用不能改变服务器对象的属性，池化的服务器对象和非池化的服务器对象（这种情况的应用比较少）都能被无状态使用；后者是指应用可以改变服务器对象的属性，一般非池化的服务器对象能被有状态使用。

3.1.3　ArcGIS Server 网络配置方案

ArcGIS Server 开发 GIS 网络服务只有先与 GIS 服务器进行连接，才能使用 GIS 服务器管理的 ArcObjects 来进行开发。获得服务器对象，就可以实现对细颗粒 ArcObject 对象接口的访问。有两种连接方式连接到 ArcGIS Server。即通过 LAN 连接到本地服务器和通过 Internet 连接到远程服务器。前者是通过计算机名连接到本地 ArcGIS Server 服务器，但要求登录的用户必须是 agsadmin 或 agsusers 中的用户；后者是通过 ArcGIS Server 服务器的 IP、agsadmin 或 agsusers 中的用户名和密码连接到远程 ArcGIS Server 服务器，连接到 ArcGIS Server 服务器后，必需配置所连接的 ArcGIS Server 的属性。这些属性主要是 ArcGIS Server 的启动时间、日志文件、服务器对象的统计方法，以及 SOC 服务器等[37~39]。

下面详细介绍第一种连接方式。首先，判断用户是否具有访问 GIS 服务器的权限，agsadmin 或者 agsusers 账户；其次，服务器对象管理器根据负载均衡原则自动连接到承载服务的服务器对象容器；最后，由服务器对象容器处理用户请求返回给客户端。

整个服务获取流程可以根据客户端的不同分为基于 C/S 与 B/S 结构两种访问方式。下面介绍这两种服务获取方式以及各自特点及其应用场景。

3.1.3.1　基于 B/S 结构访问方式

基于 B/S 结构的访问方式可以在客户端不安装任何 GIS 软件的情况下，利用浏览器访问系统所提供的服务。采用这种访问方式，用户不会直接连接到 GIS 服务器，只是将发送请求到 Web 服务器中的，然后通过 Web 服务器中利用 ArcGIS Server ADF 开发的网络应用程序去访问 GIS 服务器，调用其中的服务与功能并返回结果给用户。Java 提供了 ServerConnection 对象来实现与 GIS 服务器连接。例如与名为"host"的 GIS 服务器进行连接，其关键代码如下所示：

ESRI. ArcGIS. Server. WebControls. ServerConnection connection =
    new ESRI. ArcGIS. Server. WebControls. ServerConnection( );
connection. Host = "host"； //设置 GIS 服务器名称
connection. Connect( )； //连接 GIS 服务器

采用基于 B/S 结构的访问方式，每个用户只需通过浏览器便可访问网络 GIS 应用程序所提供的 GIS 服务，无需安装其他任何软件，便于通过 Internet 向企业外部的用户发布 GIS 信息与服务。

此外，由于主要功能都是在服务器端实现，所以当系统功能修改或者扩充后只需更新 Web 服务器中的 GIS 应用程序，便可使所有访问系统的用户得到最新服务，这个操作对于每个用户来说是透明的。因此，基于 B/S 结构访问方式能极大程度的降低系统的管理与维护成本。

但是，基于 B/S 结构的访问方式在客户端由于采用的浏览器大多无法直接支持矢量数据的显示与操作。所以，一般系统处理结果大多都以栅格图片的形式（如 JPEG、PNG 格式的图片）返回给用户。而且每次操作都需要提交到服务器进行处理，因此服务器端需要承受较大的压力。

3.1.3.2 基于 C/S 结构访问方式

采用基于 C/S 结构的访问方式，用户不仅可以在客户端利用 ArcGIS Server，. NET/JAVA ADF 创建桌面 GIS 应用系统来访问和获取所需的服务，而且可以利用 AO 组件构建或者扩展桌面 GIS 应用，通过 AO 组件无缝连接 GIS 服务器中的服务器对象，调用其中相应的功能。

采用基于 C/S 结构的访问方式，能将 ArcGIS Server 与已有的桌面 GIS 应用系统或者嵌入式系统等无缝集成，扩展已有系统的功能并增强其 GIS 分析处理能力。

此外，在客户端能利用 GIS 桌面系统（如 ArcGIS Desktop，ArcGIS Engine）实现更为丰富灵活的功能，如矢量数据的视图操作和编辑功能，能有效地减轻服务器端的压力。

但是基于 C/S 结构的访问方式，由于一个用户只能对应于一个系统，而且在每个客户端都需要安装已有的 GIS 软件及相关软件安装许可，所以难以向企业外部的用户发布信息与服务。当系统功能更新和扩充时，需要在每个客户端更新相应的功能模块，系统的部署和扩展都会产生较大开销。

总的来说，这两种方式有着各自的特点，分别用于满足企业不同的需求。

基于 B/S 结构的访问方式适用于系统的功能需要在一个信息中心集中管理，通过建立统一的服务平台使每个部门能根据自己的访问权限获取相应的服务。并且可以利用其便捷的访问方式与网络发布功能，向企业外部的用户（如公众用户）发布基础信息与功能。

基于 C/S 结构的访问方式适用于企业内部对 GIS 的分析处理。可以通过 ArcGIS Server 为每个部门创建相应的网络服务或者服务器对象，统一管理系统内部的 GIS 数据以及公共的 GIS 网络服务。每个部门可以利用已有的 GIS 桌面系统，调用 ArcGIS Server 统一提供的数据与服务达到企业内部系统业务流程的统一性和完整性。

3.1.3.3 GIS 服务器

GIS 服务器是管理和运行服务对象的服务器，是由一个 SOM 和若干个 SOC 组成，即 GIS Server = SOM + n × SOC[45]。服务器对象管理器 SOM 是一个运行在一台机器上的 Windows 服务对象管理器，用于管理一个或多个容器服务器中的服务对象或服务对象组。服务器对象容器 SOC 是运行一个或多个服务对象的进程，所有的服务对象通过 SOM 的管理分别平均分配到各个 SOC 容器，实现系统负载均衡。

3.1.3.4 Web 服务器

Web 服务器是用于管理基于 ArcGIS Server 应用程序接口构建的 Web 应用与 Web 服务，这些应用服务是通过 ArcGIS Server 应用程序接口连接到 SOM 上，调用服务对象，实现 Web 服务和 Web 应用。这些 Web 应用和 Web 服务可以通过 ADF 来编写实现。通过 ArcGIS Server 建立的网络服务和网络应用运行在 Web 服务器上，通过 Web 服务器访问 GIS 服务器。

3.1.3.5 Web 浏览器

客户端用户可以通过 Internet 浏览器连接到 Web 服务器上，使用 Arc-GIS Server 开发和发布的 WebGIS 应用。

3.1.3.6 桌面应用

桌面应用是通过 Internet 浏览器或局域网连接到 Web 服务器上获取网络服务。

3.2 林业空间数据库的采集与预处理

3.2.1 空间数据的采集

本书所述的林业空间数据由黑龙江省塔河林业局提供，该数据为 1 ∶ 100000 地形图上的林业局、林场、林班、小班、交通线等要素。本数据以 TAB 格式进行存储，需要通过数据格式转换的方式进行对 TAB 进行处理，使其变换为矢量数据格式。本书所述的属性数据主要包括坡度、坡向、小班蓄积量等，由于涉及的属性数据较多，只是选取一些典型的属性数据进行阐述。

3.2.2 空间数据预处理

在空间数据库的建立之前，要对所需的空间数据进行收集和整理，保证空间数据库中的数据在内容与空间上的完整性、数值逻辑一致性和准确性。空间数据与一般的管理信息系统中所处理的数据不同，空间数据具有丰富的地理特征，且具有数据来源广泛、信息量大、格式不规范等特点，所以对于采集来的数据进行预处理也显得非常重要。本书所述的空间数据是由伊春市林业局提供的国家林业资源二类数据，其中包括伊春林业局基础地理数据、遥感数据、地形数据以及各种人文数据。对于采集来的数据要进行数据的预处理，以保证数据的完整性。对于空间数据的预处理包括以下几个步骤：

（1）相邻图幅接边情况的检查，检查相邻图幅的接边情况，保证图形相接、注记一致。

（2）添补不完整的线划，将模糊不清的各种线状图形进行加工。

（3）标出同一条线上具有不同属性内容线段的分界点等。

（4）检查多边形界线是否闭合，按背景要素进行闭合处理。

3.3 林业局级空间数据库的数据组织与转换

林业局级空间数据组织主要是指对获取的林业空间数据进行组织和管理，包括数据处理与转换、存储以及组织调度等。本书所介绍的林业空间组织主要是指对林业空间数据进行数字化和格式转换。具体可以分以下几个方面的内容：

（1）利用 ArcGIS9.2 对上文中提及的业局级空间数据库模型中的林业基础地理数据进行跟踪数字化，得到林业基础地理数据要素集和林业区划要素集，并存储为 Coverage 格式。

（2）利用 MapInfo 软件对提供的 TAB 格式的文件进行格式转换，使其以 Coverage 格式文件的形式存储在 ArcInfo 中。

（3）对所有的 Coverage 格式数据进行投影信息处理，使其统一为横轴墨卡托投影、经纬度坐标形式。

（4）对转换并添补投影信息后的空间数据创建拓扑关系。

3.4 基于 Geodatabase 空间数据模型的林业空间数据库的框架设计

目前，基于 Geodatabase 空间数据模型的数据库设计方法主要有以下几种：

（1）利用 ArcGIS 的 ArcCatalog 建立全新的地理空间数据库。

（2）通过空间数据格式转换，移植已经存在的空间数据使其装载到空间数据库中。

（3）利用基于 UML 的 CASE 建模工具。

本书采取第一种方法创建基于 Geodatabase 空间数据模型的林业空间数据库，并根据国家标准地形图图式，将林业空间数据分成两大类 9 个 Geodatabase 要素类，两个大类分别是矢量数据集和栅格数据集，9 个要素类分别是水系要素集、边界线要素集、道路要素集、铁路要素集、管线要素集、林业局要素集、林场要素集、林班要素集和小班要素集。采用 1∶100000 的地形图分层方式，其框架设计如图 3-4 所示。

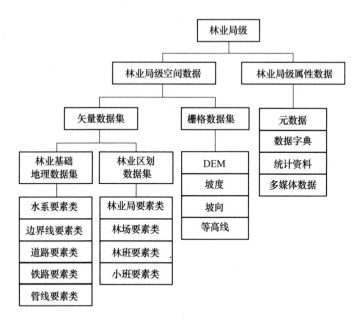

图 3-4 林业空间数据库框架图

3.5 林业空间数据的编码设计

所谓编码，即是将事物或概念（编码对象）赋予一定规律性、易于计算机和人识别和处理的符号或代码[6]。作为地理信息分类编码对象的地理信息，它表示地理系统中自然、人文现象的空间分布与各种地理过程的数量、质量、分布特征、内在联系和运动规律。统一的地理信息分类编码是实现系统内和系统间信息交换、集成与信息共享的关键问题。

在林业空间数据中，总共有数十种地物要素，林业基础地形数据编码的设计是区别地物的唯一关键字，是查询和检索的基础，也是在 GIS 中实现基础空间信息共享的基础。在进行林业基础地形数据编码设计时，必须遵循国家林业标准，要充分考虑操作的方便性和可扩充性，以及用户根据不同需求制定专题显示和输出的原则。本书依据《中华人民共和国森林法》、《林业资源分类与代码》、《数字林业标准与规范》以及《国家森林资源规划设计调查主要技术规定》等相关规定，根据实体的逻辑划分原则，对对象类别具体编码规则如图 3-5 所示。

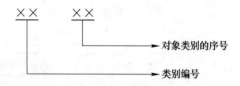

图 3-5　编码设计图

本书根据采集到的塔河林业局空间数据进行编码分类和分层设计，如表 3-1 所示。

表 3-1　分层设计表

代　码	要素名称	几何特征	层代码	说　明
1000	基础地理要素		A 00	表征所有基础地理数据
1100	地貌	面	A 10	
1200	地物点	点	A 20	
1300	等高线	线	A 30	
2000	行政区划		B 00	
2100	林业局	面	B 10	
2200	林场	面	B 20	
2300	林班	面	B 30	
2400	小班	面	B 40	
3000	水系		C 00	
3100	河流	面	C 10	
3200	湖泊	面	C 20	
3300	河流	线	C 30	
3400	湖泊	线	C 40	
4000	边界线		D 00	
4100	管线	线	B 10	
4200	交通线	线	B 11	
4300	林业局	线	B 21	
4400	林场	线	B 22	
4500	林班	线	B 23	
4600	小班	线	B 24	
5000	注记		D 10	各要素类的名称

续表 3-1

代　码	要素名称	几何特征	层代码	说　明
5100	地名注记		D 20	
5200	水系注记		D 30	
5300	交通注记		D 40	

3.6　基于 Geodatabase 和 ArcSDE 的林业空间数据库的设计

本书采用 Geodatabase + ArcSDE9.2 + Oracle 10g 的方法建立林业空间数据库。这里选取的是多用户 Geodatabase 模型，Geodatabase 模型建立在标准的关系数据库之上，所有的空间数据和属性数据都存储在关系数据库之中，通过应用服务器 ArcSDE 管理存储在 Oracle 中的地理信息。Oracle 10g 在 Oracle 9i 善于存储海量数据特点的基础上，又增添了分布式数据库存储功能，实现了空间数据库的异地存储和共享，解决了海量空间数据的分布式管理。ArcSDE9.2 作为 ArcGIS 软件中关系数据库的重要接口，扩展了 RDBMS 的功能，完成空间数据在关系数据库中的存储与管理，ArcSDE9.2 继承了 ArcSDE9.1 版本对存储在 ArcSDE 中的空间数据的版本编辑功能，并且增加了 Non Version（非版本化编辑）功能，以及 Registered as visioned with the option to 于 Oracle 10g 中的林业空间数据检索和管理。利用这种结合方式，GIS 用户可以建立起一种真正的 C/S 结构的空间数据库系统，真正实现了 ArcInfo 借助于 Geodatabase 模型，在 Oracle 10g 数据库平台之上对海量数据的集中存储和管理，该模型接受并发访问，提高系统的稳定性、安全性和可扩展性，从而降低了数据库维护费用，推动了 GIS 的数据共享，给 GIS 的应用带来了更广阔的前景[1]。

3.6.1　空间数据库的设计

空间数据库设计的主要任务是将采集来的数据经过投影定义，格式转换等一系列步骤之后重新进行分类和组织，从用户的角度进行空间数据结构的描述。在林业空间数据库的建立过程中，要首先对采集到的林相图进行数字化，然后进行配准和矢量化，进而建立点、线和面等图层，形成林场、林班、小班的行政区划图、分布图等。林业空间数据库的数据分类如表 3-2 所示。

表 3-2 林业空间数据分类

要　素	要　素　特　征	要　素　内　容
水系	线、面	河流、湖泊
铁路	线	铁路线路
管线	线	管线线路
地物	点	地物
地貌	面	地貌
林业局	线、面	林业局边界、区划
林场	线、面	林场边界、区划
林班	线、面	林班边界、区划
小班	线、面	小班边界、区划

3.6.2 属性数据库的设计

属性数据是海量空间数据的来源，为了使空间数据库系统中的属性数据具有良好的结构，减少数据冗余，加快检索和查询的速率，本书将对采集到的属性数据进行分类组织处理，建立相应的属性表结构。具体表结构如表 3-3 所示。

表 3-3 林业属性数据表

序　号	字段代码	字段名称	字段类型	字段长度	字段单位
1	LC	林场	字符型	10	
2	LBH	林班号	字符型	12	
3	XBH	小班号	字符型	12	
4	MJ	面积	数值型	8	hm
5	ZYQ	作业区	字符型	6	
6	DCFS	调查方式	字符型	6	
7	QS	权属	字符型	4	
8	PD	坡度	字符型	6	
9	PX	坡向	字符型	6	
10	DBW	地被物	字符型	8	
11	YSSZ	优势树种	字符型	6	
12	XBXJ	小班蓄积	数值型	12	m^3
13	GXSZ	更新树种	字符型	6	

3.6.3 数据字典的设计

数据字典（Data Dictionary）是以数据库中数据基本单元为单位，按一定顺序排列，对其内容作详细说明的数据集。其中，数据库中数据基本单元在不同类型数据库中有所不同，如关系型数据库的数据基本单元是字段及其内容记录，而空间数据库中的矢量数据库的数据基本单元对应的是自然要素实体的点、线和面。

在项目的前期调研和需求分析阶段，调研人员要根据收集的数据进行整理，并根据数据的用途、含义、来源和名称同用户进行沟通和协商，以形成作为开发基础的统一的数据信息，确定一个数据的最佳描述方案。对于这些数据的命名规则和附加说明就构成了数据库开发过程中的数据字典。在数据库设计阶段，随着对数据库结构的设计的逐渐深入，包括对于数据类型、存储方式以及编码内容的设计和考虑，数据字典的设计转向关于数据的具体的存储方式和数据处理的描述[5]。例如，在空间数据库的设计过程中，数据字典定义了一些特殊规格信息的存储结构，如等高线类型、边界类型、权属代码和控制点类型等。

在本书的空间数据库建立过程中，数据字典的设计根据空间数据库中各个数据项的存储方式、定义、来源等信息，制定了对数据项的进一步的描述。具体数据字典的创建如表3-4所示。

表 3-4　空间数据库的数据字典

序　号	内　容	含　义
1	数据库系统名称	数据集的正式名称
2	数据库或数据文件的全名	中文全称
3	数据存储名称	管线线路
4	数据存储介质	地物
5	数据库或数据文件的存储格式	地貌
6	数据库或数据文件的主要参数	林业局边界、区划
7	数据库或数据文件的内容说明	林场边界、区划
8	数据项定义及说明	林班边界、区划

3.6.4 元数据设计

元数据是关于数据的数据，用于描述数据的内容、覆盖范围、质量、管理方式、数据的所有者、数据的提供方式等有关的信息。空间元数据是关于空间数据及其属性信息的描述信息。它通过对空间数据的内容、质量、数据格式、数据采集时间和其他特征进行描述和说明，帮助人们有效地定位、评价、获取和使用地理相关数据。元数据的设计过程中，应根据实际应用的需要，参照已有元数据标准确定元数据体系。本书所述的林业空间数据库中的每一个字库都设置了相应的元数据，它包括矢量数据和栅格数据的元数据内容，存放有关数据源、数据标识、数据特征等信息。针对塔河林业局级空间数据库的元数据的设计，如图3-6所示。

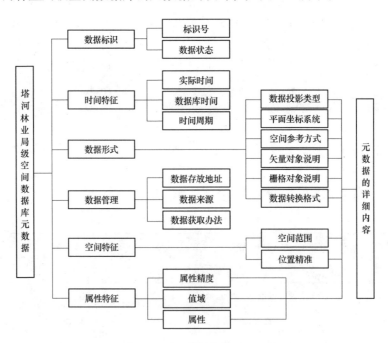

图 3-6 塔河林业局级元数据示意图

3.7 空间数据与属性数据的连接

在对空间数据及其属性数据进行录入以及编辑之后，为实现空间数据和属性数据的双向查询和检索，要完成空间数据库和属性数据库的连接。我们在空间数据的属性表中添加关键字段，将该关键字段设置为连接数据的标识符，然后通过对这个关键字段中字符的识别来完成空间数据库和属性数据库的连接。例如，可以将林场区划和小班属性表通过小班所属林场名称的字段将这两个数据库进行有效连接，还可以将伊春林业局森林空间分布和小班蓄积统计表连接起来。为了实现空间数据和属性数据的连接，在空间业务表中为每一个地理要素创建一个编码，通过这个编码，使得属性表中的字段与空间数据相对应。

本书结合杜鹃在《基于 GIS 的森林资源管理系统的设计与实现》一文中的研究理论，对林业空间数据编码进行深入剖析研究。在空间业务表中建立空间数据的统一编码 Main_no，并设为主键。Main_no 采用 19 位编码，前三位表示该特征所在数据集的编号（Dataset ID），第 4~6 位表示特征类 ID（Feature ID），第 7~19 位表示在特征表唯一标识特征的 Object ID。通过这 19 位编码可唯一地确定每个地理要素，其对应的属性表中，都要加入该编码，从而将这些表连接起来。主键编码的格式为：Main_no：Dataset ID + Feature ID + Object ID（要素数据集编号 + 要素类编码 + 小班编码）。

3.8 空间数据入库

3.8.1 Oracle10g 数据库服务器与 ArcSDE9.2 的连接

Oracle 数据库服务器和 ArcSDE 的连接可以有两种方法：

一种是通过 ArcCatalog 中的 Database Connection 工具进行连接，通过 ArcCatalog 与 ArcSDE 相连接需要服务器和实例名的认证，还需要在 ArcCatalog 中提供所要连接的 ArcSDE 服务器信息。如用户账户信息，进而通过 TCP/IP 网络连接到 ArcSDE 服务器，并根据 ArcSDE 服务器对用户身份的验证，批准用户的请求，实现 ArcCatalog 与 ArcSDE 的成功连接。具体连接参数与属性的确定如图 3-7 所示。

另一种 Oracle 数据库服务器和 ArcSDE 连接的方法是通过编辑代码对相应参数进行设置。本书是将 ArcSDE9.2 和 Oracle 10g 进行连接，对

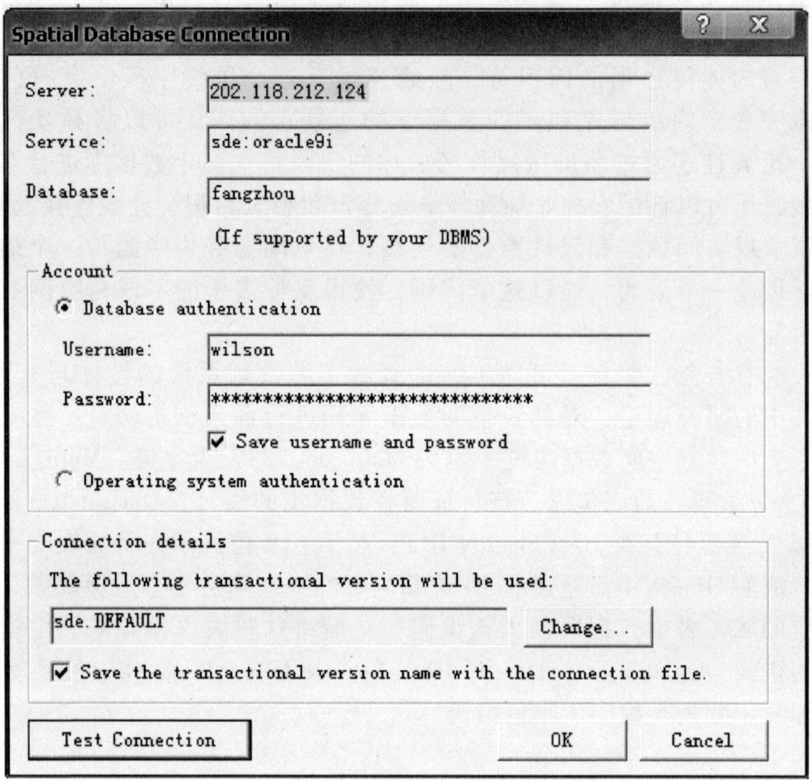

图 3-7 Oracle 数据库服务器和 ArcSDE 连接方式一

pPropSet 参数进行设置，具体的设置代码如下：

```
Private Sub UIButton Control1_Click(    )
    Dim pWS As Iworkspace
    Dim pPropSet As IpropertySet
    Dim pSdefact As IworkspaceFactory

    Set pPropSet = New Property Set
    With pPropSet
        . SetProperty" SERVER" ," "
        . SetProperty" INSTANCE" ," sde：oracle"
        . SetProperty" USER" ," zhj"
```

```
    . SetProperty" PASSWORD" ," zhj@ sde8"
    . SetProperty" VERSION" ," SDE. DEFAULT"
End With

Set pSdeFact = NewSdeWorkspaceFactory
Set pWS = pSdeFact. Open( pPropSet ,0 )

If Not pWS Is Nothing Then
    MsgBox" OK"
Else MsgBox" NO"
End If
End Sub
```

3.8.2 空间数据导入

在 ArcCatalog 中实现了 ArcSDE 和 Oracle 数据库服务器的连接之后，就可以导入空间数据了。此处的方法是利用 Import 导入工具，引入以 Geodatabase 模型存储的空间数据，使之通过 ArcSDE 存储于 Oracle 中。具体导入方法如图 3-8 所示。

3.9 林业空间数据库的存储优化

由于本书所述的林业空间数据的数据量很大，通常达到十几甚至几十 GB，如何对空间数据进行有效组织和管理，满足多用户对空间数据的高效并发访问，也是关系到本书所研究的空间数据库在管理机制效用的一个重要问题。

在数据库技术、软件技术以及 GIS 技术相结合的技术支持下，本书采用 Oracle 10g 作为空间数据库管理系统，ArcSDE 9.2 作为空间数据引擎，利用 ArcObject 作为二次开发框架，通过客户端/服务器端（C/S）结构建立林业局级空间数据库系统，提供对空间数据的多用户高效并发访问。

在林业局级空间数据库管理系统结构框架设计过程中，通过采用 C/S 体系结构，设计空间数据库的总体框架。空间数据入库时是将采集来的林业空间数据存储于服务器端，而客户端不存放任何的空间数据，只用来运行数据库的前台操作应用程序，所有对空间数据的操作和分析都是在服务

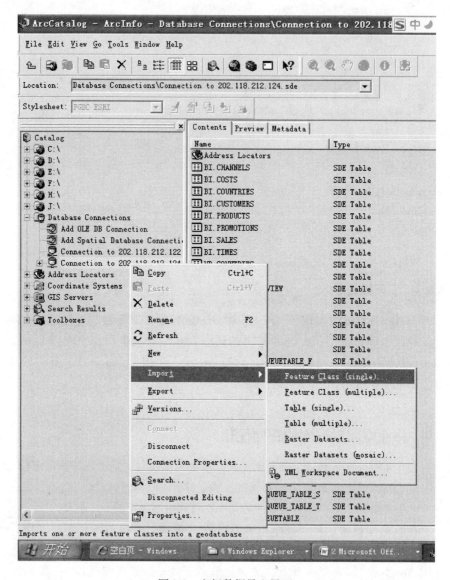

图 3-8　空间数据导入界面

器端完成的，这种设计模式称为"胖服务器端、瘦客户端设计模式"，其优点就在于可以充分发挥服务器的作用和能力，减轻客户端的压力，利用功能强大的服务器端解决空间数据的处理问题，这就使得数据库服务器的性能成为影响系统性能的关键。对数据库服务器的优化可以从数据库服务器本身性能以及空间索引优化两方面分别考虑。

对数据库服务器本身性能的优化主要包括内存分配优化和磁盘优化两个方面的内容。通过调整 Oracle 10g 的共享内存区 SGA 的内存结构，进一步减少 SGA 被释放和分配的频率，进而提高空间数据访问速度，提升系统性能。对于磁盘的优化，主要是降低磁盘 I/O，这可以通过空间数据表和索引表的分离来实现。

通过优化空间索引结构，提高索引效率也能够达到数据库服务器优化的目的，可以提高服务器查询的性能。对于空间索引的优化技术会在第 4 章进行详细阐述，在此不再赘述。

3.10　空间数据的备份与恢复机制

空间数据的备份和恢复是空间数据管理中最重要的工作环节之一，也是保障空间数据安全的重要方式。空间数据经常由于以下原因需要进行备份恢复：

（1）空间数据在应用过程中不断地更新或变动，用户需要不同版本的空间数据。

（2）存储介质的意外损坏、计算机故障等硬件问题导致的导致空间数据丢失。

（3）用户出于对空间数据调整的需要，在不同在服务器或者不同数据库管理系统之间移植和转换空间数据。

空间数据的备份与恢复通常有两种，一种是利用数据库的数据备份和恢复机制；另一种是利用空间数据引擎的数据备份和恢复机制。本书研究的是基于 ArcSDE 和 Oracle 的空间数据库管理系统，所以空间数据的备份和恢复技术采用的是 Oracle 10g 备份机制和 ArcSDE 提供的备份和恢复机制结合的方式，为系统提供充分的安全性保障。

3.10.1　利用 Oracle 10g 提供的数据备份和恢复机制

Oracle 10g 中的数据备份和恢复方式包括：脱机备份与恢复、逻辑备份与恢复、热备份与恢复三种。

（1）脱机备份与恢复。脱机备份是一种静态转储技术，备份在数据库关闭、不工作的状态下进行。脱机备份包括两种实现方式：第一种是使用

Oracle 提供的工具 Backup/Recover；第二种是利用操作系统的复制功能，复制数据文件，即冷备份。

（2）逻辑备份与恢复。逻辑备份与恢复是指将数据库、用户和表等对象的内容整个转出到一个二进制文件，然后在需要的时候通过转入恢复到原来的形式。这种方式可以备份整个数据库，指定用户和指定表的内容。

（3）热备份与恢复。脱机备份和逻辑备份通常是用户不访问数据库时的静态备份操作。这些备份只保证数据备份前的一致性和完整性，不保证备份期间的数据一致性。数据库运行在 ARCHIVELOG 方式下，同时作数据和日志文件的备份称为热备份。

本书根据林业海量空间数据的特点和林业系统的实际工作需要，选取了冷备份和逻辑备份与恢复结合的方式对整体空间数据库进行备份恢复。

3.10.2 利用 ArcSDE 提供的数据备份和恢复机制

本书主要利用 ArcSDE 提供的数据备份和恢复机制对指定空间数据对象或者部分空间数据对象进行备份和恢复。例如，对某个图层和要素类、某些满足特定条件的记录或者特定版本的空间数据。实现这种备份方式的主要方法是利用 ArcSDE 提供的两个命令：sdeexport 和 sdeimport 命令，并可以将存储在不同关系型数据库管理系统中的空间数据进行移植。根据备份的不同需要，ArcSDE 数据备份和恢复机制又可以分为如下三种情况：

（1）备份全部记录。可以利用 sdeexport 命令将存储与 ArcSDE 中的指定图层按照缺省的方式备份到指定的另一存储路径中。在需要恢复时即利用 sdeimport 命令将备份文件恢复到目标关系数据库中。

（2）备份部分记录。可以利用在 sdeexport 命令中添加-w 参数和条件表达式的方法进行部分空间数据记录的备份，备份时仍是利用 sdeimport 命令将备份文件恢复到目标关系数据库中。

（3）备份特定版本的空间数据。利用在 sdeexport 命令中添加-v 可以将制定图层的特定版本备份到备份文件中，最后再将备份文件恢复到目标关系数据库中。

3.10.3 数据处理的投影、坐标标准

本系统采用的空间参考系统参数为克拉索夫斯基椭球，北京 1954 坐标系，投影类型采用高斯-克吕格投影。

3.10.4 源数据存储格式

系统的源数据是采用 ArcGIS 的 shape 格式存储的矢量数据，shape 文件格式是一种简单的，用非拓扑关系存储空间信息和属性信息的格式，要素的几何信息是以包含一系列矢量坐标的 shape 的形式存储的。

3.10.5 系统空间数据标准化

本系统采用的空间参照系统参数为克拉索夫斯基椭球，北京 1954 坐标系，投影类型采用高斯-克吕格投影。

3.10.5.1 源数据存储格式

系统的源数据是采用 ArcGIS 的 Shape 格式存储的矢量数据，Shapefile 文件格式是一种简单的、用非拓扑关系存储空间信息和属性信息的格式，要素的几何信息是以包含一系列矢量坐标的 shape 的形式存储的[24]。Shapefile 文件主要由 4 个文件组成，它们是同一工作区的 4 个不同扩展名的文件：.shp 文件储存的是要素的几何信息，按地理实体的空间几何特征分为点、线、多边形；.dbf 文件储存的是要素的属性信息；.shx 文件存储的是要素几何信息的索引信息；.prj 文件存储的是要素的空间坐标信息。

3.10.5.2 系统空间数据处理[25]

本系统所使用的原始数据为 Shape 格式的矢量数据，主要是面向塔河林业局森林景观管理系统的需要，为了能够提供更加丰富的数据，使其符合森林景观管理系统的实际需求，系统将数据存储到数据库中之前在 ArcMap 中对数据进行了处理，处理流程图如图 3-2 所示。

（1）数据的裁减。原始数据为整个塔河林业局，为了能够在地图发布时可以单独对林场级数据进行操作，我们对林业局级的地理数据进行了切割，从原来的林业局级空间数据生成多个林场级数据。

（2）生成标注。为了能够在地图显示时，更直观地看到地图的相关属性，对于部分图层按照其特定的属性值生成了标注图层，如林场标注、小班标注、林班等，并用关系类将其与图层属性关联起来。

（3）林班界、小班界数据处理。在对地图进行配置时，很多边界经常会重叠在一起，从而影响了显示效果（如林场界和林班界，林班界和小班界)。按照标准规定，2级以上境界重合时只绘出高一级的境界。为此，我们对林业局面、林场面、林班面、小班面进行了处理。首先将其生成线状图层，然后对线状图层进行叠加分析，提取出需要的数据。比如，对于林场线图层和林班线图层，重叠部分应该保留林场线图层的数据。在处理的过程中，应该将林班线图层中林场线和林班线重叠的部分去掉。具体操作在 ArcToolBox 中进行。生成了林业局界线图层、林场界线图层、林班界线图层、小班界线图层。

(4) 数据配准。在完成地图数据数字化操作处理完成后，要进行严格检查，具体包括空间位置配准、绝对位置配准、相对位置配准、局部位置配准、图幅之间的地图要素配准、影像数据的配准。检查输入的地图要素是否有遗漏和重复，标记是否有错误。还要对数据进行拓扑分析，保证相邻的图层要素拓扑关系正确，要素全部接边；没有多余的悬挂线、破碎的多边形；保证多边形连通，标示点唯一。对有问题的数据在 ArcToolBox 模块编辑修改，首先把 .shp 图层文件转换给 coverage 文件，然后用 Clear 命令自动生成和修改要素的拓扑结构，最后再把 coverage 文件转回成 shape 文件。建立拓扑关系后，可以修改区域参数及属性，如果发现有问题，可以再次使用 ArcToolBox 工具重新建立拓扑关系。

(5) 森林景观数据生成。原始数据中并没有包含森林景观的相关数据，为了使森林景观的相关信息能够在地图上进行显示，以小班图层的空间数据为基础利用优势树种属性生成森林景观图层。

(6) 标准地数据生成。由塔河林业局提供了一个 Excel 格式的标准地数据，其中包括了标准地的 GPS 坐标、林班号、小班号等基本信息。根据标准地的 GPS 坐标，生成了标准地图层的图形数据，通过对 Excel 格式数据进行处理，最终生成 dbf 格式的属性数据，将图形数据和属性数据在 ArcMap 中进行关联，得到标准地数据[42,43]。

3.10.6　空间数据的处理

系统不仅要涉及基础地图显示，还有防火专题数据的处理和显示。其中，基础地理数据包括居民点、公路、水系等数据，专题数据包括历史火点、扑火力量、扑火路线等数据。为能够适应森林防火、扑火的要求，系统在将数据存储到数据库中之前，在 ArcMap 中对数据进行处理，处理流程如图3-9所示。

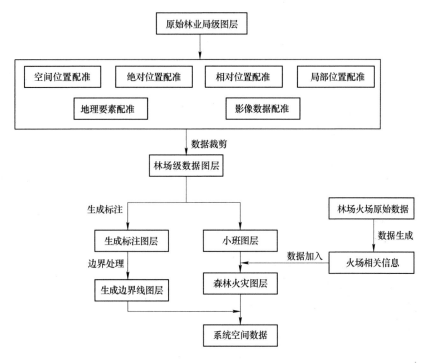

图 3-9　系统空间数据处理流程图

具体空间数据处理：

（1）数据裁剪。原始数据为塔河林业局的整体数据，为能够在地图发布并可以单独对林场级数据进行操作，我们对林业局级的地理数据进行了裁剪，从原来的林业局级空间数据生成多个林场数据。

（2）生成标注。为了能够在地图显示时更直观地看到地图的相关属性，对部分图层按照其特定的属性值生成了标注图层，如林场标注、林班标注、小班标注等，并用关系类将其与图层属性关联起来。

（3）林班界、小班界数据处理。在对地图进行配置时，很多边界经常会重叠在一起，从而影响了显示效果（如林场界和林班界，林班界和小班界）。按照标准规定 2 级以上境界重合时只绘出高一级的境界。为此，对林业局面、林场面、林班面、小班面的边界进行了处理。

（4）数据配准。在完成地图数据数字化操作处理后要进行严格检查，包括空间位置配准、绝对位置配准、相对位置配准、局部位置配准、图幅之间的地图要素配准、影像数据的配准。检查输入的地图要素是否有遗漏和重复，标记是否有错误。还要对数据进行拓扑分析，保证相邻图层要素拓扑关系正确，要素全部接边；没有多余的悬挂线、破碎的多边形；保证多边形连通，标示点唯一。

（5）森林火灾数据的生成。森林火灾中要用到历史着火点、瞭望塔、扑火队等专属信息，所以要将这些数据信息以点、线、面的形式标绘在专题图层上。

（6）森林历史火灾、扑火队等数据的生成。建立相关的专门图层，将相关数据显示在此图层上，便于缓冲区查询和属性信息的查询。

3.10.7　矢量数据组织

空间地理信息数据采用扫描和数字化获取。矢量数据按点状、线状、面状地形要素的特征分别建立等高线、交通、水系、居民点、境界线、小班、机场等空间数据库。空间数据的分层管理是 GIS 的一大特色，图形数据分层依据林业基础 GIS 空间信息容纳量分 28 层，如表 3-5 所示。各单层图幅可相互叠加，组成在客户端用户可操作的电子地图文档，在显示与分析上起很大的调配作用。在空间数据经过空间数据标准化处理后，系统从 5 个方面对空间数据进行组织：GIS 数据库、林相图数据库、扑火专题图数据、历史火灾数据库、火灾火场林地损失及损耗人力物力数据库。其中，扑火专题图数据包括扑火力量专题图、监测图层专题图、航空护林层专题图、扑火物资储备专题。

表 3-5　数据列表

编　号	图层名	几何特征	编　号	图层名	几何特征
1	堤　坝	线	15	林业局面	面
2	大车道	线	16	苗　圃	面
3	等高线	线	17	铁　路	线
4	防护林	线	18	小班面	面
5	防火塔	点	19	林业局界	线
6	固定样地	点	20	林场界	线
7	公　路	线	21	林班界	线
8	湖　泊	面	22	小班界	线
9	河　流	线	23	固定标准地	点
10	检查站	点	24	历史火点	点
11	居民点	点	25	扑火队	点
12	居民区	面	26	瞭望塔	点
13	林班面	面	27	机降点	点
14	林场面	面	28	着火点	点

（1）扑火力量专题图。含各地扑火队、森林部队数据。主要包括扑火队主要位置、所属区域、扑火器具、队员数量、人员结构、主要负责人及其联系方式、主要交通工具等信息。

（2）监测图层专题图。瞭望塔数据、检查站数据。与其他子模块结合，可显示火场附近瞭望监测力量情况。

（3）航空护林层专题图。航站、机降点、航线数据。

（4）扑火物资储备专题图。显示各级扑火物资的储备信息。数据来源于各地报告的数据。

系统地图中图层的逻辑组织结构，如图 3-10 所示。

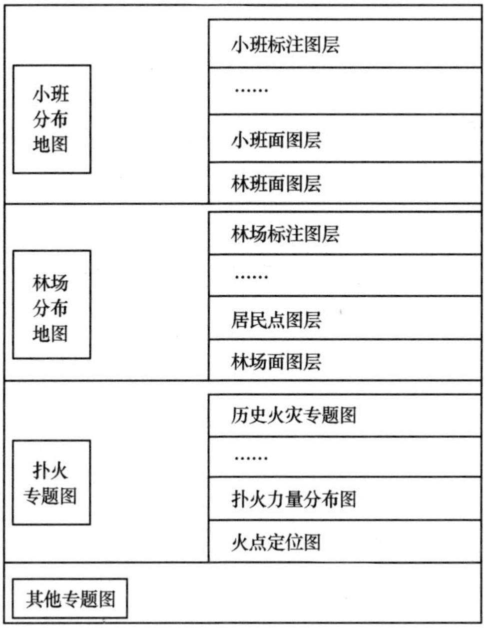

小班分布地图	小班标注图层
	......
	小班面图层
	林班面图层
林场分布地图	林场标注图层
	......
	居民点图层
	林场面图层
扑火专题图	历史火灾专题图
	......
	扑火力量分布图
	火点定位图
其他专题图	

图 3-10　系统中图层逻辑关系分布图

整个系统的数据库都是采用的 Geodatabase 数据模型，所有的数据都以 Feature 的形式存在后台 Oracle 数据库中。

3.11　Geodatabase 模型

Geodatabase 是 ESRI 公司在 ArcGIS 引入的一个全新的空间数据模型，

是建立在关系型数据库管理信息系统之上的统一的、智能化的空间数据库模型。即在一个公共模型框架下，对 GIS 通常所处理和表达地理空间特征数据的矢量、栅格、TIN、网络、地址进行同一描述和管理。同时，Geodatabase 是面向对象的地理数据模型，其地理空间特征的表达较之以往的模型更接近我们对现实事物对象的认识和表达。

Geodatbase 对地理要素类和要素之间的关系、地理要素类几何网络、要素属性表对象、注释类等进行有效的管理，并且支持对空间数据库要素数据集、关系以及几何网络进行建立、删除、修改等更新操作。无论是客户端的应用（如 ArcGIS Desktop），服务器配置（如 ArcGIS Server），还有嵌入式的定制开发（ArcGIS Engine）都可以获取 Geodatbase 的应用逻辑[46]。

3.12 扑火专题表结构

为开发系统的需求，在空间数据库中不仅存储基本地理元素数据，而且也存储扑火专题数据。这些数据一些是扑火的原始数据，如瞭望塔、扑火队等扑火专题基础数据；还有一些是着火点、派遣扑火队等数据。火点信息表结构如表 3-6 所示。

表 3-6　火点信息表

序 号	名 称	类 型	长 度	可 控	说 明
1	ObjectID	Number	10	N	主键
2	fireID	Varchar2	20	Y	火点编号
3	firetime	Date		Y	起火时间
4	longitude	Number	20	Y	经度
5	latitude	Number	20	Y	纬度
6	findpeople	Varchar2	20	Y	发现人
7	firetype	Varchar2	10	Y	火灾类型
8	Shape	Point		Y	火点位置

除上述各种表外，还有火场信息表、派遣表、历史火灾信息表等专题表。这些表都是以火点编号为唯一键，火点编号是一个 17 位的数字，例如20080715123005001。其中的前 12 位为接警时间格式年月日时分。编号中的"05"表示是地区号，"001"表示该地区的第一场火灾。

3.13 空间数据引擎 ArcSDE

ArcSDE，即数据通路，是 ArcGIS 的空间数据引擎，它是在关系数据库管理系统（RDBMS）中存储和管理多用户空间数据库的通路[47,48]。从空间数据管理的角度看，ArcSDE 是一个连续的空间数据模型，借助这一空间数据模型，可以实现用 RDBMS 管理空间数据库。在 RDBMS 中融入空间数据后，ArcSDE 可以提供空间和非空间数据进行高效率操作的数据库服务。ArcSDE 采用的是客户—服务器体系结构，所以众多用户可以同时并发访问和操作同一数据。

ArcSDE 是基于多层体系结构的应用和存储。数据的存储和提取由存储层（DBMS）实现，而高端的数据整合和数据处理功能由应用层（ArcGIS）提供。ArcSDE 支持 ArcGIS 应用层并提供 DBMS 通道技术，使得空间数据可以存储于多种 DBMS 中。ArcSDE 用于高效地存储、索引和访问维护在 DBMS 中的矢量、栅格、元数据及其他空间数据。ArcSDE 同时能保证所有的 GIS 功能可用，而无需考虑底层的 DBMS。使用 ArcSDE，用户在 DBMS 中即可有效管理他们的地理数据资源。ArcSDE 使用 DBMS 支持的数据类型，以表格的形式管理底层的空间数据存储，并可使用 SQL 在 DBMS 中访问这些数据。ArcSDE 同时也提供了开放的客户端开发接口（C API 和 Java API），通过这些接口用户定制的应用程序也可以完全访问底层的空间数据表。

本系统对地理数据的访问都是通过 ArcSDE 来存取，并将处理后的数据通过 ArcSDE 写回空间数据库中。

ArcGIS 对空间数据的存储主要通过 ArcSDE[28] 来实现。ArcSDE 是 ArcGIS 与关系数据库之间的 GIS 通道。它允许用户在多种数据管理系统中管理地理信息，并使所有的 ArcGIS 应用程序都能够使用这些数据。ArcSDE 是多用户 ArcGIS 系统的一个关键部件。它为 DBMS 提供了一个开放的接口，允许 ArcGIS 在多种数据库平台上管理地理信息，这些平台包括 Oracle、Oracle with Spatial/Locator、Microsoft SQL Server、IBM DB2、Informix。还提供了任意的客户端应用，例如 ArcIMS 或 ArcGIS Desktop。

ArcSDE 将地理特征数据和属性数据统一地集成在关系数据库管理系统中，分摊了 DBMS 和 GIS 之间对管理空间数据的职责（对空间数据的管理职责是由 GIS 软件和常规 DBMS 软件所共同承担的）。利用从关系数据库环境中继承的强大数据库管理功能，对空间数据和属性数据进行统一而有效的管理。GIS 软件负责为 DBMS 提供对各种空间数据的管理支持，也就是在标准的关系数据库上增加一个空间数据管理层，省去了空间数据库和属性数据库之间烦琐的链接，空间数据存取速度较快。同时，也有利于保证空间数据与属性数据间的完整性。

ArcSDE 支持高性能的空间数据的管理，它支持的数据库包括：Oracle（带压缩二进制）、Oracle（带 Locator 和 Spatial）、微软 SQL Server（带压缩二进制）、IBM DB2（带 Spatial Extender）、IBM Informix（带 Spatial Datablade）。

ArcSDE 由以下 3 部分组成：ArcSDE 服务器管理进程、专用服务器进程、ArcSDE 客户端。ArcSDE 服务器管理进程，负责维护 ArcSDE 和监听来自客户端的连接请求。ArcSDE 启动就是启动 ArcSDE 服务器管理进程，利用管理员账户管理 ArcSDE 与 RDBMS 连接，处理客户端的连接请求；专用服务器进程由 ArcSDE 服务器管理进程创建，用于每一个特定的客户端应用程序与数据库的连接；ArcSDE 客户端，通过 ArcSDE 服务器管理进程和专用服务器进程建立和 RDBMS 的连接，实现对数据库的操作。

SDE 用户负责 ArcSDE 与 Oracle 的交互，通过维护 SDE 模式下的空间数据字典以及运行其模式中的程序包，来保证空间数据库的读写一致性。在 ArcSDE 安装过程中要求提供系统管理员的用户名及密码，自动引导用户在 Oracle 数据库中创建 SDE 的表空间和用户，并在安装完毕后自动启动数据服务。例如，在 ArcSDE 服务启动过程中，SDE 用户通过 Oracle 验证，并且利用 ArcSDE 服务器管理进程 giomgr 创建和维护一个 Oracle 会话连接，负责监听用户连接请求，分配相应的 gsrvr 管理进程，进行空间数据字典的维护。在 ArcSDE 服务启动的过程后，始终存在一个 giomgr 的 SDE 服务器进程，它负责监听连接请求（服务器名和端口）、验证连接（密码和用户）、给每个成功的连接分配一个独立的 gsrvr 进程，而 gsrvr 负责在客户端和服务器之间进行通信（使用相同的服务器名和端口）[44]。

3.14 数据库连接及数据导入

本书所创建的空间数据库是使用 ArcSDE 空间数据引擎 + Oracle10g 来存储和管理空间数据。在导入数据以前首先要创建 ArcSDE 和 Oracle 的连接。ArcSDE 连接 Oracle 数据库有两种连接方式：直接连接和应用服务器连接。无论使用哪种连接方式，都需要对数据库进行配置。常采用的方法是使用

Oracle 10g 的客户端软件进行配置。首先，在 Oracle Net Configuration Assistant 中配置服务名，其次在 ArcCatalog 中进行连接[49]，如图 3-11 所示。

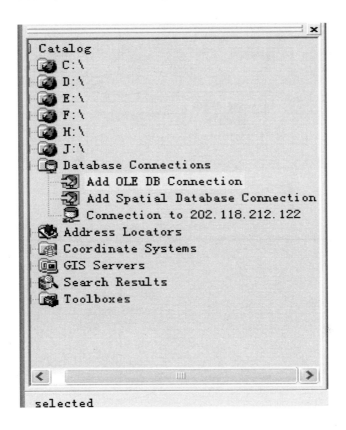

图 3-11 建立数据库连接

使用直接连接方式输入用户名的密码时，需要使用以下格式：用户名@网络服务名。通过直接连接客户端可以和 Oracle 10g 实现连接而不需要 ArcSDE（专用服务器进程的功能已经在 ArcGIS Desktop 中实现）。采用这种方式进行连接和访问数据库的速度比较快。使用应用服务连接，直接通过端口进行操作，在服务器端需要单独开启一个专用服务器管理器进程，这种连接访问数据库的速度相对较慢。两种连接方式体系结构如图 3-12 和图 3-13 进行连接时，用户名的密码直接输入即可，不需要再添加网络服务名。两种连接方式界面如图 3-14 和图 3-15 所示。

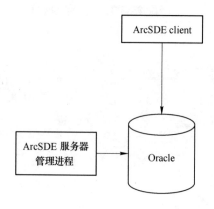

图 3-12 直连体系结构图

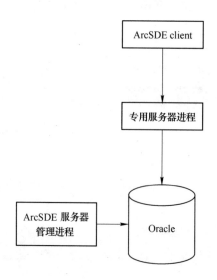

图 3-13 应用服务器连接体系结构图

创建连接后,就可以把空间数据如林班、小班、道路等基础地理数据,以及瞭望塔、历史火点等专题数据导入到 Oracle 数据库中,其部分专题图层的属性表如图 3-16、图 3-17 所示。将处理后的空间数据库存储到 Oracle 数据库中,主要通过 ArcCatalog 提供的功能实现。在 ArcCatalog 中可以每次只导入 1 个图层,也可以实现批量导入,数据导入的界面如图 3-18 所示。

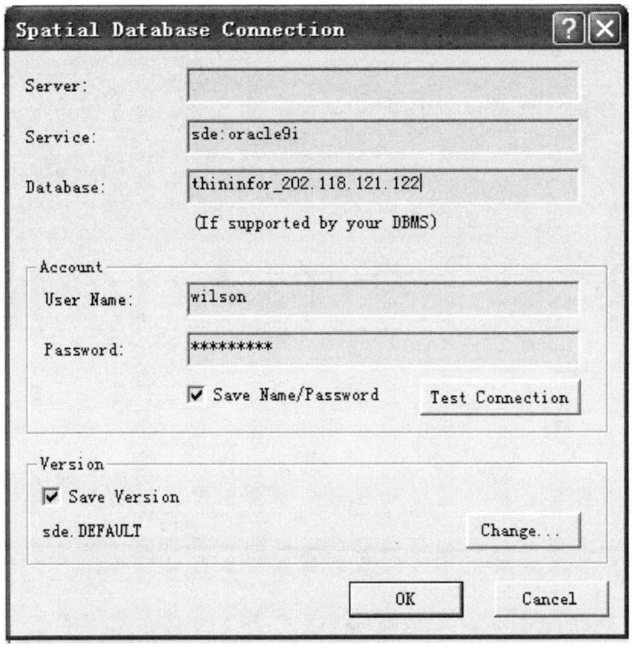

图 3-14 直连界面

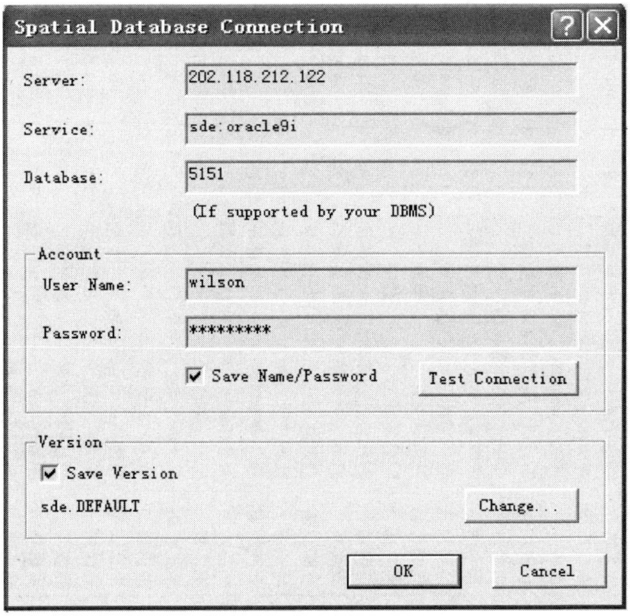

图 3-15 应用服务器连接界面

名称	管理单位	地址	经度	纬度	塔高	类型	功能	建成时间	接收频率	发射频率	呼号
米华岗塔	西林吉林业局金沟	金沟林场	121°39′07″	53°18′36	24	钢质	瞭望	1988年	163.725	158.025	激08
砂宝斯塔	西林吉林业局金沟	金沟林场	121°52′14″	53°15′37	24	钢质	瞭望中	1985年	155.625	153.625	激09
金山塔	呼玛县金山林业局	金山	126°21′10″	51°50′13	24	钢质	瞭望中	1988年8月	164.325	158.625	311
邱果塔	图强林业局	邱果高炮	123°02′10″	53°14′20	24	钢质	瞭望	1989年	153.75	155.75	207
赤乌河塔	呼中林业局呼中林场	赤乌河	122°51′22″	51°59′56	24	钢质	瞭望	1988年11月	158.075	163.75	呼11
芙蓉塔	呼玛县林业局三卡	芙蓉山	126°28′30″	51°16′45	24	钢质	瞭望	1988年8月	158.575	164.275	314
红旗尚塔	新林林业局翠岗林场	红旗尚构	124°57′32″	51°54′21	24	钢质	X		164.05	164.05	75
红岭14-11号	呼中林业局呼源林场	红岭	123°31′58″	51°23′32	24	钢质	瞭望	2003年9月	158.05	163.775	呼01
碧水樟山	西林吉林业局碧水樟山	碧水樟山	123°41′56″	52°05′53	18	钢质	瞭望	1983年1月	158.075	163.75	呼15
门都里塔	西林吉林业局	渡田	122°03′59″	53°02′06	24	钢质	瞭望	1987年	163.725	158.025	激21
潮满林场	图强林业局	潮满十七支	122°35′10″	52°27′20	24	钢质	瞭望	1988年	153.75	155.75	210
潮中塔	图强林业局	潮中	122°51′30″	52°30′40	24	钢质	瞭望	1988年	153.75	155.75	204
激河塔	西林吉林业局	激河林场	122°09′74″	53°20′11	24	钢质	瞭望	1988年	158.025	163.725	激07
阿倍塔	西林吉林业局	阿倍林场	122°33′00″	53°19′10	24	钢质	瞭望	1988年	163.725	157.975	激06
文脚湾塔	西林吉林业局	阿倍林场	123°01′29″	53°22′40	24	钢质	瞭望中	1987年	163.725	158.025	激05
阿东塔	西林吉林业局阿东	阿东林场	122°36′26″	53°05′07	24	钢质	瞭望	1985年	163.725	158.025	激13
上龙河塔	西林吉林业局阿东	上龙河	122°49′30″	53°15′09	24	钢质	瞭望	1988年	158.025	157.975	激14
沙兰山塔	新林林业局塔源林场	沙兰山高炮	124°53′35″	51°43′15	24	钢质	瞭望中	1987年12月	163.375	163.375	42
水庆塔	十八站林业局	水庆	125°05′46″	52°25′07	26	钢质	瞭望	1982年7月	161	155.3	8014
棱伦山塔	新林林业局富林场	棱伦山高炮	125°13′45″	51°45′30	24	钢质	X	1988年12月	164.2	164.2	91
束山塔	新林林业局镶束山	束山镶束山	124°25′30″	51°40′00	24	钢质	瞭望中	1987年12月	163.375	163.375	46
十支线塔	新林林业局塔源林场	新林十支线	124°45′45″	51°33′43	24	钢质	瞭望中	1987年12月	163.375	163.375	48
甘四公里	图强林业局	甘四公里	124°04′20″	53°02′50	24	钢质	瞭望	1989年	153.75	155.75	202
微波塔	棋家园林业局	扇北	125°41′00″	52°07′00	25	＜Null＞	中继	＜Null＞	163.86	158.16	＜Null＞
尖山塔	图强林业局	尖山高炮	123°17′00″	53°25′00	24	钢质	瞭望中	1988年	153.75	155.75	208
微波塔	棋家园林业局	小白房	126°35′30″	51°47′01	25	＜Null＞	中继	＜Null＞	158.125	163.825	＜Null＞
小欲勤山塔	新林林业局塔源勤山场	小欲勤山高	124°09′40″	51°45′41	24	钢质	X	1987年12月	163.375	163.375	49
小根河塔	十八站林业局	小根河	125°18′38″	52°41′18	26	钢质	瞭望中	1985年4月	157.6	163.3	8010

图 3-16　瞭望塔部分数据结构

OBJECTID*	隶属	名称	人数	东经			北纬			经度	纬度	Shape*
1	呼玛	呼玛县专业扑火大队	100	126°	39'	08"	51°	43'	50"	126.652222	51.730556	Point
2	塔河	塔河林业局局属专业队	60	124°	42'	10"	52°	19'	50"	124.702778	52.330556	Point
3	塔河	塔林林场专业队	40	124°	41'	50"	52°	19'	20"	124.697222	52.322222	Point
4	塔河	绣峰林场专业队	40	124°	41'	20"	52°	19'	00"	124.688889	52.316667	Point
5	塔河	瓦拉干林场专业队	70	124°	32'	00"	52°	35'	10"	124.533333	52.586111	Point
6	塔河	瓦拉干储木场专业队	60	124°	32'	10"	52°	35'	00"	124.536111	52.583333	Point
7	塔河	盘克山林场专业队	40	124°	21'	10"	52°	38'	50"	124.352778	52.647222	Point
8	塔河	盘古林场专业队	50	123°	51'	20"	52°	41'	00"	123.855556	52.683333	Point
9	塔河	盘古储木场专业队	60	123°	51'	10"	52°	41'	00"	123.852778	52.683333	Point
10	塔河	盘中林场专业队	30	124°	04'	00"	52°	49'	50"	124.066667	52.830556	Point
11	塔河	沿江林场专业队	50	124°	18'	10"	53°	08'	10"	124.302778	53.136111	Point
12	漠河	漠河县林业局专业队	500	122°	31'	22"	52°	58'	33"	122.522778	52.975833	Point
13	松岭	壮志林场专业队	50	124°	12'	30"	51°	13'	07"	124.208333	51.218611	Point
14	松岭	壮志林场专业队	60	124°	09'	50"	51°	06'	00"	124.163889	51.1	Point
15	松岭	大扬气林场专业队	50	124°	12'	10"	50°	59'	55"	124.202778	50.998611	Point
16	松岭	古源林场专业队	50	124°	18'	59"	50°	12'	10"	124.316389	50.202778	Point
17	松岭	绿水林场专业队	50	124°	15'	57"	50°	48'	31"	124.265833	50.808611	Point
18	松岭	南瓮河一中队	120	125°	04'	31"	51°	17'	04"	125.075278	51.284444	Point
19	松岭	南瓮河二中队	120	125°	02'	26"	51°	05'	05"	125.040556	51.093889	Point
20	新林	新林区森林消防大队	150	124°	22'	40"	51°	40'	05"	124.377778	51.668056	Point
21	新林	塔源林场专业队	40	124°	15'	40"	51°	26'	30"	124.261111	51.441667	Point
22	新林	宏图林场专业队	40	124°	08'	20"	51°	36'	50"	124.138889	51.613889	Point

图 3-17 专业扑火队数据结构

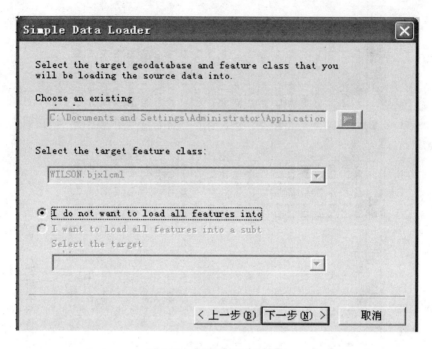

图 3-18　矢量数据导入界面

系统的分析与设计

4.1 可行性分析

可行性分析的目的是用最小的代价在最短的时间内确定项目是否可行，能否产生较明显的社会和经济效益，避免造成盲目投资。具体从以下的几个方面考虑：

（1）技术可行性。现在已有大量成熟的基于 J2EE 的 B/S 系统和商业软件，说明研究基于 J2EE 的扑火辅助系统开发语言上的可行性。并且地理信息系统在林业管护、防火、病虫害等领域都得到很好的应用，这些地理信息系统的应用案例都给本系统提供了很好的参考价值。

（2）经济可行性。本系统为扑火指挥人员提供较准确参考消息，为扑灭林火赢得宝贵时间，减少林火对森林造成的损失，可产生较高的经济效益。

（3）操作可行性。随着我国计算机的不断发展，林场工作人员都具有了基本的计算机操作能力。本系统主要是通过 IE 浏览器来进行操作，不需要进行相应的设置，只需要进行简单的功能说明便快速掌握软件的功能使用。

（4）社会可行性。由于近几年火灾给生态环境造成严重危害，人们越来越重视森林防火、扑火的工作，希望能够得到高效、快速、有效的参考信息。所以，建立扑火辅助系统可以满足人们对林业管理的科学化、信息化的需求。

4.2 开发所需硬软件要求

4.2.1 硬件要求

由于本系统及其其他子系统涉及较多的图像的显示和处理，为达到较好的效果，我们对所需硬件推荐如下：

CPU：奔腾 2.0 以上；

内存：512M 以上；

硬盘：40G 以上。

4.2.2 软件要求

GIS 平台：ArcGIS Server9.2；

J2EE 平台：JDK1.5.4.0；

Web 发布平台：WebLogic8.15。

4.3 系统的总体设计

本系统的主要功能是根据实际情况需要和项目要求来设计的，主要分为扑火专题地理数据管理、火点定位、信息查询、信息标注、火场信息预测、预案信息生成及最优路径分析等主要功能模块。系统结构图如图 4-1 所示。

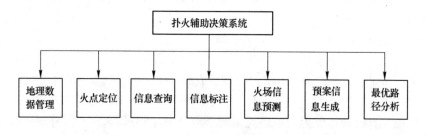

图 4-1　系统结构图

4.4 系统的功能设计

4.4.1 扑火专题地理信息管理

由于本系统中涉及较多的地理数据信息，所以要建立地理数据的管理模块。其主要管理功能如下：

（1）瞭望塔管理。主要是瞭望塔的分布，人员的配置的信息化管理。

（2）扑火力量管理。主要是专业扑火队、半专业扑火队及民兵队伍的分布、人员、扑火器械等情况的数据管理。

（3）机降点管理。主要是对机降点的分布、飞机型号、数量等信息进行管理。

（4）历史火灾管理。主要是对历年塔河各个林场所发生的火灾进行管理，并在火灾发生后对该数据进行实时更新。

除以上专题数据的管理以外，还有诸如道路管理、水源管理等基本的地理数据的管理，包括对这些数据的查询、修改、删除操作等功能。

4.4.2 火点的定位

当着火点被发现时，最先应该知道的是火点的位置，并将该火点在专题图层上显示。本模块对火点的定位主要用以下 3 种方式实现：

（1）鼠标的圈定。当巡护人员发现火灾时，报告其所在的地理位置，指挥部工作人员可以用鼠标圈定的方式大致确定火点位置。

（2）经纬度坐标输入。如果已知着火点的经纬度坐标，可以实现在相应的窗口输入该坐标，在专题图中将火点进行高亮显示。

（3）瞭望塔定位。主要通过瞭望塔的观测角度和瞭望塔的位置来确定着火点。

4.4.3 信息查询

本模块主要功能是在发现着火点后，能够对着火点及火点周围的信息进行查询，主要包括着火点的地表植被、坡度等地理信息，火场周围的扑火队、水源、机降点等专题数据信息。并将该信息与火场信息预测模块和预案生成模块相结合，对火场的蔓延信息进行预测和对生成扑火预案所需的信息进行计算。

信息查询模块包括：图形信息查询、图形要素查询、缓冲区分析查询。

图形信息查询是用户在浏览电子地图时，只要在地图上点击鼠标，其对应的属性信息就会显示出来，用户可以根据着火点及火点周围信息的需求，选择不同图层中被选中地理要素所对应的属性信息。

图形要素查询是在所显示的数据中查找特定的地理要素，可以快速对地理要素进行定位。通过地理要素的属性字段，对属性值进行匹配定位，定位后的地理要素在图中将高亮显示。

缓冲区分析查询，缓冲区就是地理空间目标的一种影响范围或服务范围，系统中可以根据地图层中的点、线、面要素，在选定的地理要素周围根据设定的缓冲值产生缓冲区多边形。在缓冲区多边形中用户可以根据自己的需求选择不同图层中的地理要素，显示其属性信息。系统通过缓冲区分析功能可分析火点周围一定范围内的公共设施及人员情况，进行及时防范等。

下面介绍图形要素查询和缓冲区查询的具体实现方法。

（1）图形要素查询。

在森林扑火辅助决策系统主界面的右侧提供查询操作，用户可进行基本的查询，可以在指定图层，对指定的属性进行查询。系统将在地图上青绿色高亮显示查询到的结果，在主窗口下面以二维表的形式显示查询到的满足条件的所有记录。系统采用基于 MVC 模式的系统框架，因此基本查询功能是由模型、视图、控制三个部分组成。

视图部分由前台 JSP 代码实现。主要是使用 ADF 提供的 Web Controls 以及 JSF 框架提供的标签。

主要代码如下：

```
……
<table> <tr> <td align = " center" >
< jsfh : commandButton id = " cmdQuery"  value = " 查询"  style = " width : 60 px ;
font-size : 12 px ; align : center ; "
action = " #{ mapContext. attributes ['esriAGSAttributeQueryResults'].doQuery }"/>
</td> </tr> </table>
……
```

模型部分通过后台的 java 代码实现类 AGSAttributeQueryResults 来实现查询功能，获取查询的结果。

GIS 服务器通过服务对象调用 GIS 服务器上的 AO 和 ArcGIS Server 提供的应用程序接口，创建服务器端响应类 AGSAttributeQueryResults，由 managed_context_attributes. xml 配置文件管理属性，响应客户端的操作。

控制部分由 JSF 框完成，不需要具体的代码实现，关键是在配置文件中实现监听器、过滤器以及受控 Bean 的实例化，如 arcgis-webcontrols-faces-config. xml、weblogic. xml、web. xml。

（2）缓冲区分析查询。

缓冲区分析是地理信息系统的基本空间分析功能之一。根据 MVC 思想，缓冲区分析功能是由模型、视图、控制三个部分组成的。

模型部分通过 arcgis_webcontrols. jar 包里的 AGSBufferResults、AGSBufferResult、AGSBuffer 三个类实现。AGSBufferResults 获取缓冲区查询后得到的结果集合以及图形多边形；AGSBufferResult 获得结果集合中某一个要素的具体信息及对其定位显示；AGSBuffer 获取缓冲区分析参数，如查询图层 AGSbuffer. getSelectedLayerId（　）、缓冲距离 AGSbuffer. getBufferDistance（　）、距离单位 AGSbuffer. getBufferUnits（　）、缓冲分析的图层号、AGSbuffer. getBufferLayerId（　）等。

GIS 服务器通过服务对象调用 GIS 服务器上的 AO 和 ArcGIS Server 提供的应用程序接口，继承 WebContextInitialize、WebContextObserver 这两个接口，在 init 函数中获得 AGSWebContext 和 AGSWebMap 两个接口。通过这两个接口程序可以获得细粒的 AO 对象，进而访问所有需要的接口，实现客户端 MapDragRectangle 操作。

构造缓冲区图形。缓冲区分析获得的所有图形都放在 IGeometryCollectionProxy 对象中。首先得到 IEnumelement，然后通过循环函数从中构造出每一个多边形图形，最后将缓冲图形显示在地图上。在这个阶段可以设计缓冲区图形的样式，如缓冲范围内的颜色、透明度以及边线的颜色和宽度。先定义自己的 IFillShapeElemntSymbol，设置好颜色、透明度和边线样式。然后通过 fillShapeElement 构造的 IGraphicElement Proxy 对象，定义缓冲区图形样式，igraphicelement sproxy. add（new IGraphicElement Proxy（fillShapeElement））。

视图部分由前台 JSP 代码实现。主要是使用 ADF 提供的 Web Controls 以及 JSF 框架提供的标签，如＜ags：context＞、＜ags：map＞、＜ags：toc＞、＜c：out＞、＜f：view＞……。

控制部分由 JSF 框架完成，关键是在配置文件中实现监听器、过滤器以及受控 Bean 的实例化，由 3 个. xml 配置文件中完成：managed-context-attributes. xml、faces-config. xml、web. xml。JSF 框架通过配置文件将前台和后台代码紧密地联系在一起。

4.4.4　信息的标注

当发现着火点后，可以使用专用图标对该火点信息及扑救指挥信息进行标注，主要包括火场蔓延方向、扑火队伍运行方向、相关文字信息的标注。并能够实现对标注后的图标或者文字信息进行拖拽、修改。并可以保存成图片格式。

4.4.5 火场信息预测

火灾发生后，扑火指挥人员需要根据着火点的植被和气象信息，在一定时间后火场蔓延速度、面积以及周长等信息进行科学的预测，以便制定和修改扑火方案，合理安排扑火力量。能否科学、准确地预测火场信息对制定扑火预案至关重要。要对这些信息进行科学的预测，就要建立适合大兴安岭地区的火场蔓延模型并对火场各个元素的计算给出准确的计算方法或公式。

4.4.5.1 火场蔓延模型的选择

在林火的诸多因素的预测中，选择适合本地区的林火蔓延模型对增加林火扑救的准确性和及时性都有着重要的意义。林火蔓延模型就是在以往火灾的基础上，用科学方法对诸多因素进行分析，从而得出的对林火蔓延进行预测预报的模型。由于林火蔓延模型是建立在一定范围内的模型，所以具有一定的局限性。本系统使用的模型是在加拿大林火蔓延模型和王正非模型的基础上进行改进得到的。

（1）加拿大林火蔓延模型。

加拿大林火蔓延模型是加拿大火险等级系统（CFFDRS）采用的模型。根据加拿大的植被情况，可燃物可划分为 5 大类，即：针叶林、阔叶林、混交林、采伐迹地和开阔地，并被细分为 16 个代表林型。通过 290 次林火观察，总结出多数可燃物蔓延速度方程（ROS）。不同类型可燃物有不同蔓延速度方程，但所有方程都是以最初蔓延指标（ISI）为独立变数，它与细小可燃物含水量和风速有关。如对于针叶林的初始蔓延速度方程为：

$$ROS = a[1 - e^{-bsISI}] \tag{4-1}$$

式中　　ROS——可燃物蔓延速度，m/min；

　a, b, s, e——不同可燃物类型的参数；

　　　ISI——初始蔓延指标。

对于在斜坡上蔓延的火，其蔓延速度只需要乘以一个适宜的蔓延因子即可，蔓延因子可用以下公式表示：

$$S_f = \exp[3.533. \tan(\Phi)^{1.2}] \tag{4-2}$$

式中 S_f——蔓延因子；

Φ——地面的坡度。

加拿大林火蔓延模型属于统计模型，它不考虑火行为的物理本质，而是通过收集、测量和分析实际火场及模拟实验的数据，建立模型和公式。其优点是能方便而形象地认识火灾的各个分过程和整个火灾的过程，能成功地预测和测试火参数相似情况下的火行为，能较充分地揭示林火这种复杂现象的规律。它的缺点是这类模型不考虑任何热传机制。由于缺乏物理基础，当实际火情与实验条件不符合时，使用统计模型的精度就会降低[50]。

（2）王正非火场蔓延模型[51]。

王正非的林火蔓延模型：

$$R = R_0 K_s K_w / \cos\Phi \tag{4-3}$$

经修正为：

$$R = R_0 K_s K_w K_\Phi \tag{4-4}$$

式中 R_0——初始蔓延速度；

K_s——可燃物类型修正系数；

K_w——风力修正系数；

K_Φ——地形坡度修正系数；

Φ——坡度。

K_s 是用来表示可燃物的易燃程度（化学特性）及是否有利于燃烧的配置格局（物理特性）的一个修正参数，它随地点和时间而变。对于某时、某地来说，在整个燃烧范围和燃烧过程中，K_s 可以假定为常数。王正非按照野外实地可燃物配置类型，把它以参数化（形成 K_s 值查算表），方便实用。风速修正系数为：

$$K_w = e^{0.1783v} \tag{4-5}$$

式中 v——风速。

根据加拿大的实验验证，地形对蔓延速度有正（负）增益作用，并不是谐波函数的线性关系。根据瓦格纳的实验数据所得的关系式为：

$$K_\Phi = \exp[3.533(\tan\Phi)^{1.2}] \tag{4-6}$$

可见这与加拿大的蔓延因子是一致的。但当坡度超过 60°~70°时，该定量关系的计算式就难以使用。因而，林火蔓延模型也仅适用于坡度在 60°以下的地形。此模型仅适用于上坡和风顺着向上坡的情况，因此毛贤敏等人考虑风向和地形的组合，导出了上坡、下坡、左平坡、右平坡和风向的 5 个方向的方程组，可以供实际情况需要。

（3）其他火场蔓延模型。

1）基于能量守恒定律的 Rothermel 模型：Rothermel 模型研究火焰前锋的蔓延过程，而不考虑过火火场的持续燃烧。要求野外的可燃物是比较均匀，由于在现实情况下，微观尺度上的可燃物很难达到均匀，当可燃物床层的含水量超过 35% 时，Rothermel 模型就失效[3]。

2）澳大利亚的 McArthur 模型：McArthur 模型是 Noble I. R. 等人对 McArthur 火险尺的数学描述。它不仅能预报火险天气，还能定量预报一些重要的火行为参数，是扑火、灭火不可缺少的工具，但它可适用的可燃物类型比较单一，主要是草地和桉树林地。适宜的地域主要是具有地中海气候的国家和地区。该模型对我国南方森林防火具有一定的参考价值[3]。

3）物理模型：物理模型区分了不同的热传机制，并用基本的物理规律和数学物理方法来预报火蔓延速度。而模型中的许多参数是通过实验调整的，即使预报的蔓延速度与实测的一致，也缺乏说服力。所以目前的林火的物理蔓延模型并未获得普遍的应用[3]。

（4）本系统采用的模型。

王正非模型是在我国东北地区林地的基础上通过实验总结出来的。本系统所使用的双椭圆火场蔓延模型在王正非模型基础上，结合加拿大火场蔓延模型和椭圆理想模型进行改进得到的。双椭圆火场蔓延模型不仅适合塔河地区地貌特征，而且参数简单有利于计算机表达，在火烧实验的基础上通过数学公式拟合使之能够较为准确、详尽预测火场的参数[52]。

本模型用于已知火场上火头蔓延速度 v_H，即可预估任一时刻的火场面积和周长等火场参数信息。其蔓延模型如图 4-2 所示。

模型中先由火头按风向前进的纵向速度 $a = v_H t$（其中 t 为火场蔓延时间）定出对称轴及其长度，再根据不同风速（v_F）下纵横向比例关系确定出图中横向距离 $2b$，从而确定出抛物线部分，火尾部分是以 $2b$ 为直径的半圆形。整个模型和理想的椭圆模型比较接近，所以在火场预测中提供科学的参数依据。其中纵横比例关系 $\lambda = a : b$ 如表 4-1 所示。

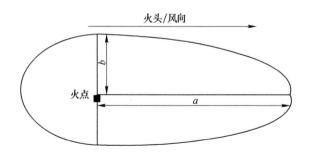

图 4-2　火场蔓延模型

表 4-1　纵横向比例

风速 v_F/m·s^{-1}	0	0.1~2.8	2.9~5.6	5.7~8.4	8.5~11.2	11.3~14	14.1 以上
比例 λ	1	1.2	1.5	2.2	3.3	5	7

4.4.5.2　火场蔓延速度

火的蔓延速度是指各个方向上火头的前进速度。影响火的蔓延速度的因素很多，但有些在实际扑火时不易确定，故只考虑三个主要因素：可燃物类型、风速、坡度。具体是建立一种可燃物类型和一个坡度等级条件下的风速火速经验公式，再根据可燃物类型和坡度的不同情况下确定火速修正系数，从而得出在不同的条件下火速值[53,54]。

（1）建立可燃物类型为草甸、地形为平地时的风速与火速的经验公式。

在可燃物类型为草甸、坡度为零、风力等级为 1~12 的条件下，收集一组风速（v_F）、火速（v_H）的速度。风速、火速关系对照表如表 4-2 所示。

表 4-2　风速火速经验对照表

风力等级	1	2	3	4	5	6
v_F/m·s^{-1}	2	3.6	5.4	7.4	9.8	12.3
v_H/m·min^{-1}	6.18	13.85	50.00	64.55	83.33	144.33
风力等级	7	8	9	10	11	12
v_F/m·s^{-1}	14.9	17.7	20.8	24.2	27.8	29.8 以上
v_H/m·min^{-1}	250.00	353.55	500.00	559.02	625.00	833.00

取指数函数为经验回归方程类型，利用一元回归的方法得到风速火速的经验公式：

$$v'_H = 14.189e^{0.1547v_F}$$ (4-7)

式中 v_F——风速；

v'_H——在地类型是草甸，地形为平地的火速。

（2）火速在不同可燃物类型中的修正系数。

在不同的可燃物类型中林火的蔓延速度是不相同的，将大兴安岭林区的可燃物类型划分为草甸、次生林、针叶林三种主要的林地类型。火速在不同的可燃物类型中的修正系数 K_R，如表4-3所示。

表4-3 可燃物修正系数 K_R 类型对照表

可燃物类型	草甸	次生林	针叶林
修正系数 K_R	1.0	0.7	0.4

（3）火速在不同坡度条件下的修正系数。

火速在不同山坡的坡度蔓延速度的修正系数 K_P，如表4-4所示。

表4-4 火速在不同坡度条件下的修正系数

坡度范围	-42~-38	-38~-33	-33~-28	-28~-23	-23~-18	-17~-13
修正系数 K_P	0.07	0.13	0.21	0.32	0.46	0.63
坡度范围	-13~-8	-8~-3	-2~2	2~7	7~12	13~17
修正系数 K_P	0.83	0.90	1.00	1.20	1.60	2.10
坡度范围	17~22	22~27	27~32	32~37	37~42	
修正系数 K_P	2.90	4.10	6.20	10.10	17.5	

（4）火场蔓延速度。

表中的正坡度指林火蔓延上山时的坡度，负坡度指林火下山蔓延时的坡度，修正系统根据同等正坡度系数的倒数再乘以4/3得到的。综合以上讨论可以得到林火蔓延的速度公式为：

$$V_H = K_R K_P V'_H$$

即

$$V_H = K_R K_P 14.189e^{0.1547v_F}$$ (4-8)

在系统实现中，可以通过读取火点及其周围的地表植被，坡度等地理数据，输入实时气象数据，带入上述公式即可计算火场蔓延速度。

4.4.5.3 火场蔓延面积及面积增长率

指挥部门在实施扑火指挥时,十分关注的是一定时间后火场的面积多大,在一段时间内火场面积的增长速度。由积分方法得到。

火场面积:

$$S_1 = \left(\frac{\pi}{2} \times \frac{1}{\lambda^2} + \frac{4}{3} \times \frac{1}{\lambda} \right) (v_H t)^2 \tag{4-9}$$

式中 t——蔓延时间,min;

S_1——火场面积,m^2。

火场面积增长速度分为即时速度 v_s(m^2/min) 和火场面积平均增长速度(m^2/min)$\bar{v}$ 两个部分。

火场即时面积增长速度:

$$v_S = \frac{ds}{dt} = \left(\pi \frac{1}{\lambda^2} + \frac{8}{3} \frac{1}{\lambda} \right) v_H^2 t \tag{4-10}$$

火场平均面积增长速度:

$$\bar{v} = \frac{s}{t} = \left(\frac{1}{2} \pi \frac{1}{\lambda^2} + \frac{4}{3} \frac{1}{\lambda} \right) v_H^2 t \tag{4-11}$$

二者关系:

$$\bar{v} = \frac{1}{2} v_S$$

4.4.5.4 火场蔓延周长及周长增长率

火场周长即火线长度,以及周长增长率是制订扑火计划重要的参数,扑救指挥部门可以根据火场的周长以及周长增长率来决定投入多少人员。

火场周长:

$$L = \left[\pi \times \frac{1}{\lambda} + \sqrt{\frac{1}{\lambda^2} + 4} + \frac{1}{\lambda^2} \ln \frac{1}{\lambda} \left(2 + \sqrt{\frac{1}{\lambda^2} + 4} \right) \right] v_H t \tag{4-12}$$

式中 L——火场周长。

火场周长即时增长率:

$$v_L = \frac{dl}{dt} = \left[\pi \frac{1}{\lambda} + \sqrt{\frac{1}{\lambda^2} + 4} + \frac{1}{\lambda^2} \ln \frac{1}{\lambda} \left(2 + \sqrt{\frac{1}{\lambda^2} + 4} \right) \right] \tag{4-13}$$

火场周长平均增长率:

$$\bar{v_L} = \frac{L}{T} = \left[\pi \frac{1}{\lambda} + \sqrt{\frac{1}{\lambda^2} + 4} + \frac{1}{\lambda^2} \ln \frac{1}{\lambda} \left(2 + \sqrt{\frac{1}{\lambda^2} + 4} \right) \right] \tag{4-14}$$

二者关系是 $\bar{v}_L = v_L$，是火速 v_H 的正比例函数，它不随时间发生变化。

4.4.5.5　火场参数变化时，火场面积及周长的计算

林火蔓延时，风速与可燃物类型、坡度都有可能发生变化，这时要确定火场面积和周长的处理方法是：将整个时间段分成很多小的时间间隔，然后再逐段（按起点）确定可燃物类型和坡度及变化后的风速，从而由公式得到这一段的火速 v_H，并算出这段时间的前进距离，累加起来就得到火头的前进距离 a，这样面积 S 和周长 L 的计算公式分别为：

$$S = \left(\frac{\pi}{2} \frac{1}{\lambda^2} + \frac{4}{3} \frac{1}{\lambda} \right) a^2 \tag{4-15}$$

$$L = \left[\pi \frac{1}{\lambda} + \sqrt{\frac{1}{\lambda^2} + 4} + \frac{1}{\lambda^2} \ln \frac{1}{\lambda} \left(2 + \sqrt{\frac{1}{\lambda^2} + 4} \right) \right] a \tag{4-16}$$

其中的比例 λ 可以为各段风速相应的比例系数的平均值。面积和周长的平均增长速度分别为：

$$\bar{v}_S = \frac{s}{t} \quad \text{和} \quad \bar{v}_L = \frac{L}{t}$$

4.4.5.6　风向参数变化时，火场面积及周长的计算

当风向发生变化时，火场蔓延模型也将发生变化，具体的分成两个部分，一部分是沿原风向蔓延的火场模型，一部分是风转向后的火场蔓延模型，如图4-3所示。从火点到风向转换点 M_0 的蔓延的时间 t_1，则可得第一部分的火场的横轴 a 就为 v_{Ht1}（v_H 为新的火速），再由新的火速确定比例系数 λ_1，从而作出一个抛物线一半圆形；第二部分为原抛物线一半圆形的蔓延，其火头自 M_0 点的前进速度为第一部分中火的速度 $\frac{v_H}{\lambda_1}$。

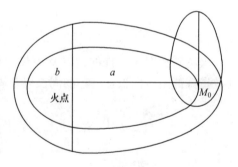

图4-3　转变风向后火场蔓延图

根据上面的火场蔓延模型对火场的面积及周长的计算，可得两部分的面积和周长分别为：

第一部分面积：

$$S_1 = \left(\frac{\pi}{2} \frac{1}{\lambda_1^2} + \frac{4}{3} \frac{1}{\lambda_1} \right) (v_{H1} t_1)^2 \tag{4-17}$$

第二部分面积：

$$S_2 = \left(\frac{\pi}{2} \frac{1}{\lambda^2} + \frac{4}{3} \frac{1}{\lambda} \right) \left(a + \frac{1}{\lambda_1} v_{H1} t_1 \right)^2 \tag{4-18}$$

第一部分的周长：

$$L_1 = \left[\pi \frac{1}{\lambda_1} + \sqrt{\frac{1}{\lambda_1^2} + 4} + \frac{1}{\lambda_1^2} \ln \frac{1}{\lambda_1} \left(2 + \sqrt{\frac{1}{\lambda_1^2} + 4} \right) \right] v_{H1} t_1 \tag{4-19}$$

第二部分的周长：

$$L_2 = \left[\pi \frac{1}{\lambda} + \sqrt{\frac{1}{\lambda^2} + 4} + \frac{1}{\lambda^2} \ln \frac{1}{\lambda} \left(2 + \sqrt{\frac{1}{\lambda^2} + 4} \right) \right] \left(a + \frac{1}{\lambda_1} v_{H1} t_1 \right) \tag{4-20}$$

火场的面积和周长都是两部分面积和周长各一部分的和，为简化计算，取

总的火场面积：$\qquad S = a_1 S_1 + a_2 S_2 \tag{4-21}$

总的火场周长：$\qquad L = a_1 L_1 + a_2 L_2 \tag{4-22}$

公式中的 a_1、a_2 的取值范围是 $0 \leqslant a_1$、$a_2 \leqslant 1$。从模型中可以看出，随着蔓延时间 t_1 的增加，第一部分比例 a_1 越来越大，而第二部分占的比例 a_2 就越来越小，在充分长的时间后，第一部分将包含第二部分。

4.4.6 扑火预案参数的计算

在生成的扑火预案中要包括一定的参考数据来供扑火指挥人员参考决策。这些数据主要包括火场定性分类，扑火速度，扑火人员和扑火时长的确定[52]。

4.4.6.1 林火相关信息分类

实际扑火中，对于不同的火灾，应该采用不同的扑救方法，所以在研究扑火对策和确定扑火人数时，首先是根据对火场有重大影响的因素如火速、火强度、可燃物类型等信息对火场进行分类。

（1）火速等级分类。

根据林火蔓延的速度将林火分为三级，如表4-5 所示。

表4-5　火速等级分类

火速等级名称	慢速火	中速火	快速火
火速范围/m·min^{-1}	≤2	2.1~20	>20

（2）火强度等级分类。

火强度难以定性的分类，所以要区分林火的强度，就要根据某个参数进行定量分析，主要是根据林火火焰的高度来分为 4 类，如表 4-6 所示。

表 4-6　火强度等级分类

火强度名称	低度火	中度火	高度火	强度火
火焰高度范围	<1	1～1.5	1.5～2	>2

（3）林火分类。

林火按照其燃烧的部位可以分为地表火、树冠火和地下火 3 种，在林火中，地表火是最主要，也是最为严重的燃烧位置，是扑火的重点部分，地表火可分为十种类型，地下火和树冠火分别算作一类，如表 4-7 所示。

表 4-7　林火分类

慢速低度火	慢速中度火	慢速高度火	中速低度火	中速中度火	中速高度火
中速强度火	快速中度火	快速高度火	快速强度火	地下火	树冠火

（4）可燃物类型。

根据大兴安岭地区的主要植被特征，可以将可燃物分为草甸、次生林、针叶林 3 种主要的类型。

4.4.6.2　扑火速度

扑火速度是指利用各种扑火工具及其组合在火灾扑救过程中，单位时间内扑灭火线的长度。

（1）一般条件下扑火经验值。

该经验值是根据大兴安岭地区的扑火实战的总结材料的基础上得出的一组经验值，其发生的条件是在火强度是低度，火速是中速，可燃物是次生林的情况下，各种设备以及人力最大限度的扑火线长（v_0），如表 4-8 所示。

表 4-8　火强度经验值

设备名称	单位值	扑火线长 v_0
二号工具	3 人一组	每人 90m/h
风力灭火机	2 人一组	每台 750m/h
风力灭火机和二号工具	1 台	一把 1000m/h
水　车	1 台	一台 800m/h
水　枪	1 把	每把 135m/h

各种因素下扑火速度的经验修正系数：

1）可燃物类型与扑火速度的经验修正系数，如表4-9所示。

表4-9 可燃物类型与扑火速度的经验修正系数

可燃物类型	草 甸	次生林	针叶林
修正系数 M_1	1.5	1	0.5

2）火强度与扑火速度的经验修正系数，如表4-10所示。

表4-10 火强度与扑火速度的经验系数

火强度	低 度	中 度	高 度	强 度
修正系数 M_2	1	0.75	0.5	0.25

3）火速与扑火速度的经验修正系数，如表4-11所示。

表4-11 火速与扑火速度经验修正系数

林火速度	慢 速	中 速	快 速
修正系数 M_3	0.8	1	1.2

（2）扑火速度公式。

现实扑火过程中的扑火速度就是在一般条件下乘以修正系数得到的，即

$$v_\mu = M_1 \times M_2 \times M_3 \times v_0 \tag{4-23}$$

式中　v_μ——普通情况下扑火速度。

4.4.6.3 打清比

扑火是一个"打清结合"的过程。即实际扑火时，一部分人负责直接扑打火线，而另一部分人的任务是负责清理火场。对于不同情况的林火，两者使用的人力具有一定的比例关系，这个就是"打清比"。影响这个比例关系的主要因素有火速、火强度、可燃物类型和防火期时段。首先，先确定防火期时段为戒严时期的各种林火类型和可燃物类型的打清比。然后，根据不同情况下的影响打清比的修正系数得到各个防火时段的打清比。其修正系数也不同，如表4-12所示。

表4-12 打清比各个防火期的修正系数

防火期时段	防火前期	戒严期	防火后期
修正系数 K_T	0.25	1	3

$$\tau = K_T \tau_1 \tag{4-24}$$

式中　τ_1——防火戒严期的打清比；

　　　K_T——防火期时段打清比系数。

4.4.6.4 扑火人力的确定

（1）控制林火情况下扑火人力的确定。

能够将林火进行控制的条件是综合扑火速度，即各种扑火组合扑火速度的总和，不小于火场的周边增长速度。

设扑火组合数为 y'，每组合的人数为 n，则用于扑火的人力为 ny'，由打清比 τ，设扑火人力为 $Y(人)$，则有：

$$nY' = \frac{\tau}{1+\tau}Y \tag{4-25}$$

其控制条件为：

$$y' \geqslant v_u v_L$$

式中　v_u——每一个组合的扑火速度；

　　　v_L——火场周边的增长速度。

取 $y'v_u = Cv_L$，则有：

$$Y = cn\frac{1+\tau}{\tau}\frac{v_L}{v} \tag{4-26}$$

其中，$C \geqslant 1$ 称为决策比例系数，可以根据扑火开始时间的不同而有所区别，如表4-13所示。

表4-13　扑火决策比例系数

扑火时间	16：00 以前	16：00 以后
系数 C	1.3	1.1

（2）限定灭火时间情况下扑火人力的确定。

设灭火 T，火场周边长为 L，则有：

$$L = (y'v_u - v_L)T \tag{4-27}$$

将 $y' = \frac{\tau}{1+\tau}\frac{y}{n}$ 带入式4-26并解得

$$y' = n\frac{1+\pi}{\tau}\left(\frac{L}{T}+v_L\right)\Big/v_u \tag{4-28}$$

式中　v_u，v_L——火场周边长的增长速度，m/h；

　　　　L——火场周边长度，m；

　　　　T——灭火时间，h；

　　　　n——每个扑火组合的人数，人；

　　　　y——扑火人力，人。

上式为扑火人力公式。

4.4.6.5　扑火时长的确定

（1）控制林火情况下的扑火时长的确定。

如果火场上现有的扑火人力 y 是按前面的公式所确定，则由公式可得

$$L = (y'v_u - v_L)T \tag{4-29}$$

$$y = C\frac{v_L}{v_u} \tag{4-30}$$

则有

$$T = \frac{L}{(c-1)v_L} \tag{4-31}$$

式中　L——火场周边长，m；

　　　　v_L——火场周边长的增长速度，m/h；

　　　　c——决策比例系数；

　　　　T——灭火时间，h。

（2）已知扑火人力 y 时的灭火时间。

如果火场上现有扑火人力 y 已超过控制林火条件下的扑火人力，则有：

$$L = (y'v_u v_L)T \tag{4-32}$$

将 $y' = \frac{\tau}{1+\tau}\frac{y}{n}$ 带入公式4-31并解得

$$T = \frac{L}{\dfrac{\tau}{1+\tau}\dfrac{y}{n}v_u - v_L} \tag{4-33}$$

式中　T——灭火时间，h。

4.4.7　最优路径分析

火灾发生后，如何快速到达火灾现场对赢得宝贵的扑火时间至关重

要，除使用必要的交通工具外，对扑火队行走路线进行优化也是扑火工作中的重要组成部分。系统是在 Dijkstra 算法和 Floayed 算法的基础上进行改进得出适合林场道路特征最优路径分析算法。进行修改后的算法能方便计算林场道路不连续情况下最优路径[45,46]。

Dijkstra 算法的时间复杂度是 $O(n^2)$。当网络中的节点越多时，其运行速度就越慢，所以不利于多用户的使用。而 Floayed 算法的思想是一次将拓扑图中的任意节点间的最短距离都计算出来，并将这些距离保存在相应的数据库中。当再次运行时，则不需要计算，直接从数据库中读取就可以。但是这个算法第一次运行要耗费大量的时间，而且当拓扑图中增加新的节点时，还要重新计算，而且其时间复杂度较高。本系统将 Dijkstra 算法和 Floayed 算法对于有向图的特性改造成了针对无向图的计算。

参数的输入：起点名称、终点名称、拓扑关系表。

输出结果：路径长度、路线标示、将路线在地图上显示。

采用的数据：无向拓扑图数据表。

4.4.7.1　改进的 Dijkstra 算法

拓扑图的数据表结构如表 4-14 所示。

表 4-14　拓扑图的数据表结构

起　点	终　点	路径名称	路径长度	备　注
i	j	Name	Length	Null

设无向拓扑图 $G=(v,E)$，v 为节点集合，E 为边的集合。令 $cost[i,j]=cost[j,i]$ 表示节点 i 到节点 j 路径长度；$dist[w]$ 表示当前找到的起点 v_0 到节点 w 的最短路径长度，令起点为 v_0 终点为 v。算法思想如下：

（1）设 cost 为带权的邻接矩阵，如果节点 i 和 j 间有路，则 $cost[i,j]=[i,j]$ 上的权值（即 i，j 间的路径长度），否则令 $cost[i,j]=\infty$。$Path[i]$ 为求得的从 v_0 到 i 的路径。

设 s 为已找到从 v_0 出发的最短路径的终点的集合，它的初态为空集。此时，从 v_0 出发到 G 中其余各顶点（终点）w（为任意顶点）的最短路径长度初态时为：

$$dist[W]=cost[v_0,w](cost[w,v_0])wEV(G)$$

（2）选择 u，使 $dist[u]=min\{dist[w]|wEV(G),ws,\}$（则 u 为目前

求得的一条从 v_0 出发的最短路径的终点）令 s = sU{u}（即 u 进入 s）。

（3）修改所有不在 s 的终点的最短路径长度。若（新选的这条最短路径长度）。

dist[u] + cost[u,w]（cost[w,u]）< dist[w]（其他终点的最短路径长度）则修改

dist[w] 为：dist[w] = dist[u] + cost[u,w]（或 cost[w,u]）；

路径改为：path[w] = path[u] + path[u,w]（path[w,u]）；

（4）判断 u 是否为用户所要求的终点 v，若是则程序结束，否则进入第五步。

（5）重复2、3、4程序结束，则由此求得了从起点 v_0 到终点 v 的最短路径。

（6）如果求得的 dist[V] = ∞。则表示起点 v_0 到终点 v 不可达，否则起点 v_0 到终点 v 的最短路径长度为 dist[V]。

改进后的 Dijkstra 算法与原来的算法相比较有以下特点：

（1）改进后的算法将迪杰斯特拉算法中搜索 cost［i，j］的地方均改为搜索 cost[i,j] 或 cost[j,i]，即将拓扑图为有向图的算法改为拓扑图是无向图的算法。

（2）改进后的算法增加了第4步操作，即判断每次找到的 u 是否为用户所要求 v，是则程序结束，否则继续以上操作。

（3）迪杰斯特拉算法的思想是求出起点 v_0 到所有其余节点的最短路径，改进后的算法思想是求出起点 v_0 到终点 v 的最短路径，从而大大缩短算法的时间。

4.4.7.2 改进的 Floayed 算法

假设求从顶点 V_i 到 V_j 的最短路径。如果从 V_i 到 V_j 有路，则从 V_i 到 V_j 存在一条长度为 cost[i,j] 的路径，该路径不一定是最短路径，尚需进行 n 次试探。每次试探产生一个矩阵，共 n 次试探，因此产生 n 个矩阵，即 $A(1),A(2),\cdots,A(k),\cdots,A(n)$。设 $A(0)$ 是初态，$A(0) = cost[i,j]$。

先考虑中间经过顶点 V_1 的情况 $K = 1$，也就是考虑路径 (V_i, V_1, V_j) 是否存在（即判断 $[V_i, V_1]$ 和 $[V_1, V_j]$ 是否存在），若不存在，则还取原来的 cost[i,j]；若存在，则将 $[V_i, V_j]$ 与 (V_i, V_1, V_j) 这两条路径加以比较，谁短就保留谁，作为当前求得的最短路径。于是由 $A(0)$ 产生了 $A(1)$ 矩阵，此矩阵就是中间点序号不大于1的各条最短路径。

然后再在各对顶点 V_i，V_j 中插入一个点 V_2，看路径（V_i，…，V_2）和（V_2，…，V_j）是否存在，若不存在，那么当前的最短路径仍是 A（1）中求得的中间点序号不大于 1 的最短路径。若存在，则将（V_i，…，V_2，…，V_j）的路径与 A（1）中的（V_i，V_j）进行比较，谁短取谁。这样就由 A（1）求得 A（2）矩阵，此矩阵是中间点序号不大于 2 的各条最短路径。

一般地，如果我们已经求得了 A(k-1)[i,j] 矩阵，那么对于 A(k)[i,j] 可以按下面两种情况产生：

（1）若从 V_i 到 V_j 的最短路径不通过 V_k 点，那么 A(k)[i,j] = A(k-1)[i,j]。

（2）若从 V_i 到 V_j 的最短路径通过 V_k 点，则将 A(k-1)[i,j] 与 A(k-1)[i,k] + A(k-1)[k,j] 进行比较。哪个小取哪个作为 A(k)[i,j] 矩阵的值。此矩阵是中间点序号不大于 K 的各条最短路径。经过 n 次比较，最后求得 A(n)，即是每一对顶点之间的最短路径。经过改进后的 Floayed 算法与原来的算法比较有以下的特点：

在算法上，将 Floayed 算法对有向拓扑查找，改为对无向拓扑查找的计算查找 cost［i，j］的地方，均改为查找 cost[i,j] 或 cost[j,i]。

因为 Floayed 算法时间复杂度较高，不利于节点的增减，所以可以在系统设计时，可以将任意两个点间的距离先计算出保存在一个特定的数据表中。当用户进行路径分析时，可以先查询数据表，当有相应的数据时，则直接从数据库中读取就可以。当增加或者减少节点时，可以先利用 Dijkstra 算法算出这个点与其他点之间的距离，然后在数据表中增减或者删除相应的记录。这样可以提高系统的最短路径分析能力和计算速度。

林场道路信息是以线状保存在图层中，并在数据库中存储道路对应的属性信息。在进行道路优化计算时，可通过读取数据库中的道路端点信息，运用上述算法思想选出最优路径的集合，然后修改该集合中的道路的属性，使其高亮显示。

4.4.8　扑火决策制定原则

扑火战略原则应该遵循以下的几个方面：

（1）确定控制燃烧区域：火场较大时，把火场按时间或地理位置划分为几个区段，设立区段指挥部，具体负责现场指挥。

（2）制定灭火战略阶段：按火线情况的轻重缓急划分扑火过程为若干

个阶段，对紧急目标，即可能造成重大损失与对扑火全局影响重大的地段要首先消灭或控制，其他则为下一段的任务。

（3）确定扑火策略：扑火策略是指完成各个阶段的扑火而采取的策略和方法，包括扑救的时间、地点、用直接还是间接扑火方式，利用地形和气象条件等。

（4）兵力部署，包括各区域派多少兵力；哪些队伍攻打重要目标和地段；扑火队伍的调动方案等。

系统的功能实现

❀❀❀❀❀❀❀❀❀❀❀❀❀❀❀❀❀❀❀❀❀❀❀❀❀❀❀

本系统是在 J2EE 平台的基础上，以 JSF 为前台开发框架，Oracle 为后台数据库，来实现扑火工作中信息需要。森林扑火系统流程，如图 5-1 所示。

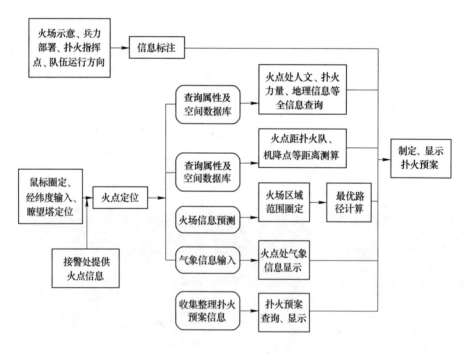

图 5-1　扑火系统流程图

本系统充分考虑和其他子系统的结合，留有相应的接口来完成相应数据的查询和传递。特别是和地理信息子系统的结合最为紧密。

5.1 系统设计原则

开发系统设计时应遵循的原则如下：

（1）系统实用可操作性强。系统应易于操作，能适用于不同层次的用户，操作方式简易灵活，易于推广使用。

（2）通用性原则。实现与国家同类系统相结合，避免由于软件兼容问题而引起的系统隔离，造成信息无法共享。

（3）系统界面友好。系统操作界面友好、各种功能操作直观简便、可视化程度高，所有的参数输入、数据维护都通过人机交互式的方式实现。

（4）可扩充性原则。为了适应软硬件产品的更新换代，同时用户的业务没有完全定型，业务对系统的要求不断发展，所以系统必须具有良好的可扩充性。系统的各子系统对后续工作均留有接口，所有数据库、计算模型、预警指标等均为开放式，可以方便地进行更改、更新和部分加细、内容的加载，加强工作人员对系统进行维护的可操作性，同时也增加了实用性，减少了系统维护的烦琐过程。

（5）先进性原则。系统在开发时应认真进行调研和考察，充分借鉴其他同类系统的优点，建成合理、先进的森林景观管理系统。系统采用的开发环境与开发框架均为当前较为前沿的工具，采用先进的基于 J2EE 框架的技术结构，利于以后项目的推广。

（6）系统开发要标准化与规范化。为了确保系统的基础性，实现基础地理信息的共享，必需建立统一的标准和共同遵守的规范，使系统产品能为政府各部门及社会各行业所接受和使用。

5.2 火场的定位

森林火灾发生时，扑火指挥人员最想知道，也是最先知道的是着火点的位置，以及火点周围的诸如植被、最近的扑火队、道路等信息。因此，即时将火点定位到相关图层，并将该火点周围的信息从地理信息数据库中查询出，使扑火指挥人员能够较为直观的观察火点，是扑火工作的第一步，也是最为重要的一步。

本系统对火点的定位主要有 3 种方式：瞭望塔定位，输入经纬度定位，鼠标圈定。

5.2.1 瞭望塔定位

由于瞭望塔依然是大兴安岭地区主要的火灾观测方式，在塔河林业局通过瞭望塔在地图上定位火点的实践经验的基础上，将其运用到地理信息系统中，从而实现瞭望塔观测和地理信息系统相结合。

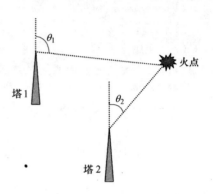

图 5-2 瞭望塔定位示意图

其工作原理是两个瞭望塔当发现着火点时，分别报告他们观测到的火点与正北方向的夹角，通过这两个角度和这两个瞭望塔的经纬度，可以算出火点的经纬度，将这个经纬度坐标在地理信息系统的火灾专题图层中显示出。其示意图如图 5-2 所示。

部分代码如下：

```
public  static Point countCoordinate (double xₐ, double yₐ, double x_b, double y_b, double ag₁, double ag₂)
{
    ......
        k_ac = Math. tan (Rad (90-ag₁));
        k_bc = Math. tan (Rad (ag₂-90));
        //(xₐ, yₐ) 表示瞭望塔 1 的经纬度，(x_b, y_b) 表示瞭望塔 2 的经
纬度。
        //(x_c, y_c) 表示着火点的经纬度，ag₁ 表示塔 1 与火点的角度，ag₂ 表
示塔 2 与火点的角度。
        x_c = (k_bc * yₐ-k_ac * y_b + x_b * k_ac * k_bc-xₐ * k_ac * k_bc) / (k_bc-k_ac);
        y_c = (k_ac * yₐ-k_ac * y_b + x_b * k_bc-xₐ * k_ac) / (k_bc-k_ac);
        Point p = new Point (x_c, y_c);
        return p;
    ......
}
```

5.2.2 经纬度定位

利用经纬度定位是在相应的文本框中输入浮点型的经纬度坐标值，利用 GIS 在相应的位置标示出该点并放大。因为指挥人员需要的信息是分布在不同的图层上，所以想查询该点的其他相关信息则可以通过 ADF 提供的属性查询方法来得到该火点基本信息。同样也可以通过缓冲区查询，找出在一定的范围内扑火队、水源、机降点等相关信息。

需要实现的类有 CenterAt. java，Edit. java，inputPointBean. java，Selection. java，FetchPoint. java。它们之间的组织关系如图 5-3 所示。

以上两种方法的运行界面如图 5-4 所示。

5.2.3 鼠标圈定定位

该方法是通过获取鼠标在屏幕上的坐标，将其转化为大地坐标，传回后台数据库中。通过后台 Bean 的查询，将鼠标圈定范围内的地理属性信息显示出来。该方法只能确定火场在某个范围内，不能够确定到具体的一点，缺乏准确性。但是，由于该方法传递信息方式较灵活，可以快速找到火点范围，所以在实际扑火中可以用到。

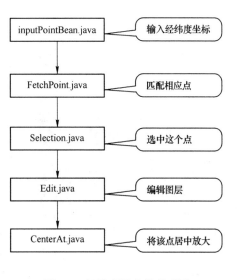

图 5-3　经纬度输入类关系图

5.3　相关信息的查询

相关信息查询有两种，一是着火点的属性信息，二是查询着火点周围的相关信息。

着火点这一点的信息是通过 ADF 提供的 Identifytool 属性查询得到的，其相关类是 com. esri. arcgis. webcontrols 包下的 AGSWebIdentifyResults. java。该类是有 AcrGIS 系统自带。火点周边一定范围内的信息查询时用 ADF 框架下

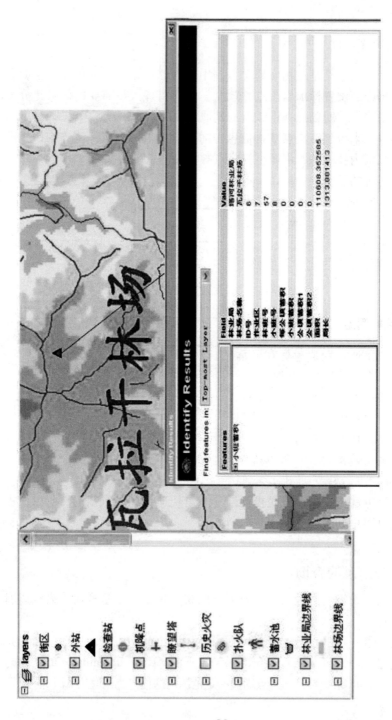

图 5-4　火点定位运行界面

的缓冲区查询得到相关信息。其具体的类是 com. esri. arcgis. webcontrols. ags. data 包下的 AGSBuffer. java 和 AGSBufferResults. java。

5. 4 信息的标注

能够在扑火相应图层上方便标绘火场示意信息、兵力部署、扑火指挥点、队伍运行方向等专有数据信息，并能够将所标绘的信息保存在相关图层或者图片中，以方便有关人员的传送和查阅。

本功能主要是实现在 GIS 的相关图层进行图层绘制和文字的输入，并将绘制的信息保存在图层上。本系统主要是实现了点、线以及文字的输入。其中点的绘制是在火点定位的基础上修改，增加相应的保存功能。线的绘制时用到了 DrawLine. java。部分代码如下：

```
public class DrawLine   implements WebLifecycle, WebContextInitialize
{……
public void readPointData (   )
    throws SQLException, IOException
  {try
    {
        this. pPoint. getConnection1 (   );
        ResultSet rs = null;
        System. out. println (" connection");
        rs = this. pPoint. executeQuery (" select Pointjingdu, Pointweidu from gh-Point where ID = '" + this. PointID + "' ");
        if (rs! = null) System. out. println (" Point data has been read");
        while (rs. next (   )) {
          float PointX = Float. parseFloat (rs. getString (" Pointjingdu"));
          float PointY = Float. parseFloat (rs. getString (" Pointweidu"));
          System. out. println (gpsX);
          System. out. println (gpsY);
        } this. pPoint. closeAll (   );}
      catch (SQLException rs)}
    ……
  }
```

该类是在实现了 WebLifecycle，WebContextInitialize 两个类，这两个类是在客户端产生服务对象的代理，利用该代理再进行相应的操作，即第 3 章所说的 ArcSDE 数据引擎中的代理。

5.5 火场信息的预测

本模块能够根据读取的火场植被信息和坡度，以及输入的实时气象信息，对当前的火场面积，蔓延速度，周长等信息进行科学的预测。

系统运行界面如图 5-5 所示。

火场相关信息				
火场类型	1	风速约为	2.0m/s	火场面积平均增长率	35.24 m²/min
风力等级	1	火速约为	1.35m/min	火场周长平均增长率	1.97m/min
坡度	-42°	火场面积	260.42m²	火场需灭火人员约为	20 人
时间	10h	火场周长	57.61m	灭火需要的时间约为	1.62h

图 5-5　火场信息预测界面

5.6 距离的测定

能够自动计算出着火点与各个机降点、航空站之间的直线距离。并计算出各类飞机飞抵该着火点所需的大致时间。

由于着火点即可以是根据瞭望塔观测角度计算出的经纬度坐标，也可是直接输入的经纬度坐标值。所以，在进行距离测定时，必需先确定着火点的坐标，否则不能计算。本系统中通过将计算出的火点经纬度坐标，或者直接输入的经纬度坐标都存在数据库中的相应表中，通过火灾编号读取该点坐标，如果坐标值为空，这给出相应的提示信息，并跳转到火点定位页面。

由于经纬度坐标不同于直角坐标系坐标，所以在计算两点间的直线距离时，不能使用直角坐标系的两点间的距离计算公式，而使用专有的球面求距公式。其代码如下[55]：

```
double distanceByLnglat（double _Longitude1，double _Latidute1，double _Longitude2，double _Latidute2）
｛double radLat1 = _Latidute1 * Math. PI/180；
double radLat2 = _Latidute2 * Math. PI/180；
double a = radLat1-radLat2；
double b = _Longitude1 * Math. PI/180-_Longitude2 * Math. PI/180；
```

double s = 2 * Math. Asin（Math. Sqrt（Math. Pow（Math. Sin（a/2），2）+ Math. Cos（radLat1）*

Math. Cos（radLat2）* Math. Pow（Math. Sin（b/2），2）））；

s = s * 6378137. 0；//取 WGS84 标准参考椭球中的地球长半径（单位：m）

s = Math. Round（s * 10000）/10000；

return s；}

系统运行界面如图 5-6 所示。

由近到远机降点			
机降点名称	距离/m	时间/h	备注
秀峰曙光干线	2115	0.02	停机坪
塔林10支线	24052	0.3	停机坪
盘中22支线	25700	0.32	停机坪
秀峰2支线塔绕交界	34873	0.43	停机坪
盘古九支线盘古河	35140	0.43	蓄水池
盘古17支	44739	0.55	停机坪
马林	48053	0.6	外站
马林1支线	48601	0.6	停机坪
盘中18支	50743	0.63	停机坪
瓦拉干马林2支线	54429	0.68	停机坪
沿江	63716	0.79	停机坪
马林22支线	71685	0.89	停机坪

图 5-6　着火点与机降点距离

5.7　最优路径分析

本功能所使用的数据是在地理数据处理时，对县、乡、镇级公里进行数据优化，在原来基本地理属性信息的基础增加了权值。该权值是指能够运行的交通工具的类型。

通过读取道路数据信息，结合改进后的 Dijkstra 算法和 Floayed 算法，实现扑火最优路径的选择和分析。当着火点距离道路较远时，找出与该点垂直距离最短道路。其部分代码如下[56,57]：

public void SolvePath（string WeightName）

{……

//定义一个边线旗数组

IEdgeFlag [ ] pEdgeFlagList = new EdgeFlagClass [intCount]；

for（int i = 0；i < intCount；i + +）

```
{
INetFlag ipNetFlag = new EdgeFlagClass () as INetFlag;
IPoint   ipEdgePoint = m_ipPoints. get_Point (i);
//查找输入点的最近的边线
    m_ipPointToEID. GetNearestEdge (ipEdgePoint, out intEdgeID, out ipFound-
EdgePoint, out dblEdgePercent);
  ipNetElements. QueryIDs (intEdgeID, esriElementType. esriETEdge, out intEd-
geUserClassID, out intEdgeUserID, out intEdgeUserSubID);
 ipNetFlag. UserClassID = intEdgeUserClassID;
 ipNetFlag. UserID = intEdgeUserID;
 ipNetFlag. UserSubID = intEdgeUserSubID;
 IEdgeFlag pTemp = (IEdgeFlag) (ipNetFlag as IEdgeFlag);
 pEdgeFlagList = pTemp;
}
ipTraceFlowSolver. PutEdgeOrigins (ref pEdgeFlagList);
INetSchema ipNetSchema = ipNetwork as INetSchema;
INetWeight ipNetWeight = ipNetSchema. get_WeightByName (WeightName);
INetSolverWeights ipNetSolverWeights = ipTraceFlowSolver as INetSolverWeights;
ipNetSolverWeights. FromToEdgeWeight = ipNetWeight; //开始边线的权重
ipNetSolverWeights. ToFromEdgeWeight = ipNetWeight; //终止边线的权重
object [] vaRes = new object [intCount-1];
//通过 findpath 得到边线和交汇点的集合
ipTraceFlowSolver. FindPath (esriFlowMethod. esriFMConnected,
 esriShortestPathObjFn. esriSPObjFnMinSum,
 out m_ipEnumNetEID_Junctions, out m_ipEnumNetEID_Edges, intCount-1, ref
vaRes);
//计算元素成本
m_dblPathCost = 0;
for (int i = 0; i < vaRes. Length; i + +)
{
 double m_Va = (double) vaRes;
 m_dblPathCost = m_dblPathCost + m_Va;
}
......
```

系统运行界面如图 5-7 所示。

图 5-7 最短路径生成界面

5.8 相关报表的生成

　　系统的最后部分要根据以上计算出的火场参数，给出合理的扑火方案，并将该方案和火场的其他信息一起生成相应的报表存档。在生产扑火预案中，就要结合扑火指挥人员的专业知识和实际工作经验做出稳妥派遣和人员物品的调度。

　　扑火预案主要包含以下的内容：火场位置、起火时间、火场地物类别、扑火队派遣情况、气象条件、扑火力量、物品的配置、交通工具使用情况、扑火方式、主管领导。将这些信息按照火灾编号的方式保存在数据库中，并提交相应打印功能[58~62]。

　　其中，报表的生产和打印功能是利用第三方控件水晶报表来实现的。扑火指挥人员的选择派遣扑火队的运行界面如图 5-8 所示。

由近到远扑火队

请选择	扑火队名称	所在地	灭火器	二类灭火器	灭火水枪	专业人员	半专业人员	运兵车	快速运兵车	距离火点/m	负责人	手机号码	办公室电话
☐	蒙克山储木场	蒙克山林场	5	10	0	0	25	0	0	18195	冯贵友	1360×××·077	36×××39
☐	蒙克山	蒙克山林场	26	50	5	50	25	2	1	18197	孙荣江	1394×××·680	36×××08
☐	瓦拉干	瓦拉干林场	11	40	3	25	40	1	1	22335	雷广东	1350×××·537	36×××05
☐	瓦拉干储木场	瓦拉干林场	30	40	5	60	70	3	0	22814	杨德荣	1355××××445	36×××76
☑	秀峰	秀峰林场	19	40	8	25	50	1	1	23261	刘宏伟	1384×××377	36×××24
☐	塔林	塔林林场	23	100	10	25	600	1	1	34190	李鹏国	1328×××333	36×××40
☐	盘古储木场	盘古镇	32	40	5	60	70	3	0	34348	刘志强	1355×××333	36×××68
☐	兴安建筑公司	塔河镇	5	30	0	0	25	0	0	34605	孙原龙	1380×××·684	36×××08
☑	新兴建材厂	塔河镇	8	20	10	0	25	0	0	35064	周培龙	1384×××821	36×××75
☐	塔东储木场	塔河镇	4	50	0	0	25	0	0	35316	陈秀龙	1384×××821	36×××02
☐	盘古	盘古林场	37	130	16	70	75	3	1	35735	马晓刚	1335××××666	36×××06
☐	沿江	沿江林场	25	60	5	50	25	2	1	38555	郭振江	1360××××152	37×××85
☐	盘中	盘中林场	14	50	5	25	20	1	1	40640	曹志强	1360××××750	36×××77
☑	塔丰	塔丰经营所	10	20	4	0	20	1	1	48450	王永岭	1390××××710	36×××28
☐	马林	瓦拉干林场	22	80	4	50	0	2	0	49567			
☐	开乡	开库康乡	8	40	4	0	20	0	0	53341	蒋希巨	1360×××230	
☑	甘二站	甘二站林场	10	30	5	0	25	0	1	80587	史德岭	1384×××529	37×××48

确定　取消

图 5-8 扑火队派遣界面

成功派遣后的运行界面如图 5-9 所示，并将派遣后的扑火队保存在相应的数据库中。

扑火队名称	信息
秀峰	成功派遣
塔东储木场	成功派遣
局属专业队	成功派遣
塔丰	成功派遣
廿二站	成功派遣

图 5-9　成功派遣的扑火队界面

参 考 文 献

[1] 朱焊武，朱雾平．基于地理信息系统的森林火灾扑救辅助决策系统的研究[J]．自然灾害学报，1999，8(1):60~61.

[2] 舒立福，田晓瑞．世界森林火灾状况综述[J]．世界林业研究，1998，6：41~46.

[3] 田勇臣．森林火灾扑救智能决策支持系统研究[D]．北京林业大学博士论文，2008.

[4] 王明玉．基于地理信息系统的森林火灾扑救辅助决策系统建设[D]．东北林业大学硕士论文，2002.

[5] 王霓虹．基于 WEB 与 3S 技术的森林防火智能决策支持系统的研究[D]．林业科学，2002，4(3):114~119.

[6] 吕新双，胡海清，孙龙．欧洲林火管理概况[J]．国外借鉴，2005，3：24~27.

[7] Joseph J. Bambara, Paul R. Allen. J2EE 技术内幕[M]．北京：机械工业出版社，2002，6.

[8] B. Shannon. Java2 Platformnterprise Edition Specification, Vol. 3. On-line at < http://java. sun. com/j2ee/ >, 2001.

[9] 张新曼．精通 JSP-Web 开发技术与典型应用[M]．北京：人民邮电出版社，2007.

[10] 赵晓峰．基于 JSP 与 JavaBean 技术的 Web 应用开发[J]．深圳职业技术学院学报，2005，30：39~40.

[11] Roman E. Mastering Enterprise JavaBean and the Java 2 Platform Enterprise Edition[M]. New York：John Wiley & Sons Inc. , 1999.

[12] Bean 的特点．http://www. smth. edu. cn/bbsanc. php.

[13] 张桂元，贾燕枫．Struts 开发入门与项目实践[M]．北京：人民邮电出版社，2005.

[14] John Deacon. Model-View-Controller (MVC) Architure[EB/OL]. http://www. jdl. co. uk/bridfings/MVC. pdf, 2000.

[15] 张军芳．基于 J2EE 平台和 MVC 模式的 Web 研究与应用[D]．武汉理工大学硕士论文，2008.

[16] Budi Kurniawan，刘克科，王国军．JavaServer Faces 编程[M]．北京：清华大学出版社，2005.

[17] Hans Bergsten. O' Reilly Taiwan 公司编译．JavaServer Faces 交互式网站界面设计[M]．南京：东南大学出版社，2006.

[18] Bergsten H. JavaServer Faces[M]. Sebastopol, CA：O' Reilly & Associates Inc. , 2004.

[19] Gearcone D. Core JavaServer Faces[M]. Assidon Wesley, 2004.

[20] David Geary, Cay Horstmann. Core Java Server Faces[M]. Pearson Education, 2005.

[21] Sun Microsystems Inc. JavaServer Pages Specification, Version 2.0. http://java. sun. com/products/jsp, 2003.

[22] 万正景. JSF 框架在 J2EE Web 应用中的研究与实现[D]. 中国工程物理研究院硕士论文, 2007.

[23] Stephen Asbury, Scott R. Weiner. Developing Java Enterprise Applications: Second Edition[M]. 北京：机械工业出版社, 2004.

[24] 贺斌. 基于 Java/Serverlet/JDBC 技术的电子商务软件的设计与实现[D]. 西北工业大学硕士论文, 2001.

[25] Eckel B. Thinking in Patterns with Java [M]. Engle Wood Cliffs, Nj: Prentice Hall, 2001(1).

[26] 俞海. 基于 JNDI 的 JavaBean 的远程访问技术在 Web 编程的应用[D]. 北京工商大学学报, 2007, 1.

[27] Chuck Cavaness, Brian Keeton. Special Edition Using Enterprise JavaBean[M]. 北京：机械工业出版社, 2002.

[28] 王锋. 关于 Oracle JDBC Thin Drivers 的解析[J]. 苏州大学学报, 2004, 4.

[29] Configuration and Tuning Guide for Oracle Environment Systems Research Institute, Inc. 2001, 2.

[30] 李琦, 杨超伟, 易善祯. "数字地球"的体系结构[J]. 遥感学报, 1999, 3(4): 254~258.

[31] Scottie Barnes. Server-Based GIS[J]. Geospatial Solutions, 2004, 5(14):15~16.

[32] Mohammadi E, Aien A, Alesheikh A A. Developing an Internet-GIS Application using GML[J]. Map Asia, 2003.

[33] 863-13 主题专家组. 我国 GIS 技术与应用的现状和对策. http://www. spatialdata. org/dongtai_4. html.

[34] Open Geospatial Consortium. OpenGIS Web Service Common Implementation Spacification[M]. 2006.

[35] Kurt Buehler. The Open Geodata Interoperability Specification. Open GIS Consorttium. Wayland(MA).

[36] 卓泳. WebGIS 技术剖析[J]. 测绘学报, 1998, 27(1):15~16.

[37] 胡继华. WebGIS 在城市设施管理中的应用[D]. 中国科学院硕士学位论文, 2002.

[38] 沈百玲. ArcGISServer 体系结构与开发简介[D]. 北京：ESRI 中国有限公司, 2004.

[39] 吴信才, 郭玲玲, 白玉琦. WebGIS 开发技术分析与系统实现[J]. 计算机工程与应用, 2001, 5: 96~99.

[40] 张竞. GIS Web Services 系统开发研究[D]. 华东师范大学硕士学位论文,

2005，6.

[41] ESRI. Understanding Map Projection[D]. GIS by ESRITM, 2002.

[42] ESRI. ArcView GIS[D]. GIS by ESRITM, 2002.

[43] ArcGIS Server Engine Developer Guide[M]. Beijing：ESRI Corp, 2004.

[44] ArcGIS Server Administrator and Developer Guide[M]. New York：ESRI Corp, 2004.

[45] 李丹. 基于 ArcGIS Server 平台 WEBGIS 应用研究[D]. 东北林业大学硕士论文，2007.

[46] http：//baike. baidu. com/view/1279938. htm.

[47] http：//hi. baidu. com/xydjh/blog/item/e8b006c61be43c199d163d0a. html.

[48] Understanding ArcSDE Environment System Research Institute, Inc. 2001. 2.

[49] 丁聪颖. 基于 J2EE 的 WebGIS 及其空间数据索引的研究[D]. 上海交通大学硕士论文，2007.

[50] 王正非. 加拿大森林火险级系统概述[J]. 国外林业，1990(3)：27～30.

[51] 王正非. 山火初始蔓延模型及某些估算[M]. 南京：海河大学出版社，1984：157～162.

[52] 温广玉，刘勇. 林火蔓延的数学模型及其应用[J]. 东北林业大学学报，1994(3)：31～35.

[53] 毛贤敏，万泽辉. 风和地形对林火蔓延速度的作用[J]. 应用气象学报，1993(2)：100～102.

[54] David R Weise, Gregory S Biging. A qualitative comparison of fire spreadmodels cooperation wind and slope effects. forest Science, 1997, 23(2)：170～180.

[55] 求球面距离 http：//www. cnblogs. com/admin11/articles/968429. html.

[56] 孙强，沈建华. 求图中顶点之间所有最短路径的一种实用算法[J]. 计算机工程，2002，28：134～136.

[57] 王开义，赵春江. GIS 领域最短路径搜索问题的一种高效实现[J]. 中国图像图形学报，2003，8：12～17.

[58] 齐雅兰. 森林火灾扑火方案生成系统的研究与实现[D]. 华北电力大学硕士论文，2006.

[59] 宋丽，王霓虹，李瑞改. 基于 GIS Server 森林景观管理系统框架研究[J]. 微计算机信息，2009，1：229～231.

[60] 王霓虹，宋丽. GIS 查询语言扩展及优化[C]. 黑龙江省计算机学会 2007 年学术交流年会，2007，8：148～151.

[61] 宋丽. 基于 JSF 实现 MVC 模式的 WEB 应用[J]. 牡丹江师范学院学报，2009，1：15～16.

[62] 宋丽. 塔河森林景观管理系统的研究[J]. 微计算机信息，2010，9：35～36.